柏林城市设计

——一座欧洲城市的简史

Berlin Urban Design: A Brief History of a European City

[德] 哈罗德・波登沙茨　著
易 鑫　徐肖薇　译

中国建筑工业出版社

目录

前言

探索柏林城市设计的窗口

卡尔·弗雷德里希·费舍尔（Karl Friedhelm Fischer）

当你手捧这本书阅读这些介绍性文字的时候，你会发现这本书英文版的标题和封底的介绍文字所传递的信息其实根本无法涵盖书中如此丰富的内容。该书对德国首都迄今为止所经历的复杂城市设计历史进行了十分精确的介绍，书中还配有大量珍贵的插图，其中很多精彩的照片都出自于摄影师兼出版商菲利普·莫伊泽之手。

然而，这本书的内容还不止于此。它从正反两个方面向我们展示了与以往认知大不相同的柏林，通过揭示人们以前讨论中存在的盲点和对柏林的各种曲解，作者从更广泛的视角出发探寻了建设、拆除和规划文化对于柏林城市设计工作的影响。该书德文原版的副标题叫作“欧洲的怪物与典范”，这个比喻倒是与柏林的情况比较相符。

从这个角度出发，我们一方面可以把柏林看成全世界的城市设计典范城市，另一方面也可以把这个城市所经历的内容当作某种“怪物”或者反常的东西。在以前坚持拆除旧建筑的模式改变之前，这种充满矛盾的图景往往反复出现，尤其是在1960年代到1970年代这段时间。在由德文和英文两种语言出版的这本书中，哈罗德·波登沙茨为我们提供了两种观察柏林的视角。在最近的四十年时间里，波登沙茨对过去到21世纪今天的柏林规划历史进行了研究，并发表了大量的著作、规划报告和论文，成为这一领域当之无愧的权威。《柏林城市设计》这本书的出版正是依靠作者之前大量积累的知识、研究工作和出版物才得以实现的——这本书的成果显然已经远超出单纯介绍性文本的范畴，并在一定程度上为更进一步的研究提供了方向。经过作者对相关内容的精炼，使读者能够获得更加愉快的阅读体验。而对于作者来说，更具挑战性的任务在于如何从极其复杂的内容中，构建一条贯穿全文的线索，并确定文中应该包含哪些内容。

柏林之所以被当作“怪物”，并出现各种令人恐惧的论调，主要的原因还是由于柏林曾经修建了大量多层的租屋类型的住宅住

第2页
从“动物园”向东鸟瞰柏林，2009年。
Photograph: Philipp Meuser

房，并引发了各种社会问题；而把柏林当作典范的想法，则主要是依靠1987年国际建筑展（IBA 1987）所做出的贡献。不过现实的复杂程度其实要远远超过单纯去罗列这两种情况并存的局面。

首先必须指出，除了公寓类型之外，在柏林发生的故事里面还存在许多其他的恶魔。本书在封面的简介中就指出了在东柏林和西柏林那些大型居住区内部的各种麻烦。如果我们回溯一下历史，比如在反城市规划思想占主导地位的20世纪初，当时充斥着诸如"魔鬼柏林"、"幽灵都市"等大量本书并未一一列举的说法。在林林总总对于城市内部恐怖问题的讨论中，反对租屋住宅运动所造成的影响最为深远，带来的破坏也最大。这一运动的失败，在很大程度上是因为人们未能正确认识到多层租屋住宅这种建筑形式实际上会产生两种不同的影响，一方面建筑生产过程中确实出现了各种恶劣的状况，而另一方面，建筑内部的居民也遇到了社会问题。

正如波登沙茨所指出的，在这方面影响最为深远的开创性著作是维尔纳·黑格曼（Werner Hegemann）的《石头一样无情的柏林：世界上最大的租屋兵营城市》（1930年）。基于城市经济学家和社会学家鲁道夫·埃伯施塔特（Rudolf Eberstadt）的研究成果，黑格曼对房地产和建筑行业的生产过程进行了精彩的分析，也为住房改革运动和具有社会责任感的住房领域研究者们创造了新的视野。然而正如我们所指出的，这场争论的结论其实是本末倒置的。

相当令人惊讶的是，整整几代建筑师、规划师、社会学家和政治家都无法突破思想上的局限去想一想，如果有一天租屋住宅不再像以前那样拥挤，每个房间的居民人数也不再动不动就超过10个人，建筑的内院也不再被人们视为肺结核的同义词，这些出租公寓的品质将会怎样。在小尺度空间里实现居住与工作室的混合以后，这些建筑也可以获得人们的欣赏。这种想象力的缺失正好迎合了战后开发商在城市内部进行再开发和在郊区兴建大规模居住区的利益。

1975年兴起了欧洲城市保护运动，以"我们的未来要对过去负责"为口号，柏林与许多其他欧洲城市一样也参与到这一潮流中来。在这种背景下，波登沙茨对夏洛腾堡地区（Charlottenburg）

所采取的开创性举措及其重要意义进行了总结，西柏林城市设计的转变过程正是从这里开启的。克劳森纳广场附近的“118街块”项目被作为典范，吸引了“造访柏林的国际专家”前往参观。这个项目充分证明，即使不通过大量拆迁，也完全有可能实现对居住街坊的更新改造。人们经过激烈的冲突终于确定了实施的具体原则，这些要求在后来被称为“谨慎的城市更新”，最终成为当时“叛逆的柏林”所取得的重要胜利。

在夏洛腾堡地区项目中摸索出的“谨慎的城市更新”原则，在1980年代得到进一步的发展，并最终在1984/1987年的国际建筑展上大放异彩。因此，曾经被蔑称为“租屋兵营”的居住街坊在公众的认知中发生了根本变化，受本书德文版副标题的启发，也许应该把这个转变过程叫作“从怪物到典范”（或者也可以叫作“从野兽变成美女”？）。现在，当我们看到那些经过重新粉刷后的华丽立面时，很明显可以意识到房地产业因为有利可图而积极参与到这种“奢侈的更新”产业中来，但是这种开发却把那些住在这里的贫苦居民赶走了，而当年正是通过那些擅自占住者和学生当年的努力才使得这些破败的建筑幸免于推土机之手。

其实对于“租屋住宅”的全面谴责严重与实际脱节，早在帝国时期开发商就已经在开发多层公寓的时候针对不同阶层的市场需求完成了各种各样的城市设计方案和楼层平面。这些类型里除了那种覆盖整个街块，内部天井相当狭小并且破败的类型以外（里面的天井数量最多甚至达到七个），也还包括很多针对高端客户，经过巧妙设计并配备宽敞公共广场的居住区。在结论那一章里面，菲利普·莫伊泽拍摄的一张跨页航拍照片里面展示的就是这种类型的“改良城市住房”，同时也反映了一战前后这种住宅在形式上的变化。在此背景下，波登沙茨提出了一个在世界规划历史方面具有重要意义的论点：一战前这种为资产阶级开发的住房类型是“住宅生产的第三条道路”，完全可以满足较为富裕小康阶层的要求；传统上认为只有英国的郊区化和法国的资产阶级彻底融入城市两种方式，而柏林发展出的这种类型实际上完全能够被看作第三种方式。

这本书展现了城市住房生产领域不同参与者各自发挥的作用，并把注意力集中在帝国时期的两类主要行动者。作者区分了两种不同类型的开发商：一种是建造高密度工人公寓的开发商，被黑格曼称为暴利企业家；而另一种“土地开发公司”则把精力集中在新开发大量富有吸引力的大规模资产阶级城市街区。不过无论是哪种类型的开发商，他们都是依靠当时实行的“恶劣的特许经营体系”来获利的。在这个体系下面，由于每个房地产所有者拥有的政治权利并不一致，它会决定哪些人的土地可以用于有利可图的建筑用地，此外还会通过多种方式让公共部门来给他们的私人开发活动提供补贴。不过，除了探索多种以获利最大化为目的的开发机制之外，在一战前柏林的非营利住房协会也已经实施了第一批项目。

一战结束以后，成立了非营利的住房生产部门，取代“土地开发公司”负责提供各种住房。他们是国家补贴政策的优先接受者。直到1980年代，这种非营利部门一直都在柏林的住房发展过程中发挥着关键作用。

不过，到了1960~1970年代，这种住房开发企业却把非营利性精神抛诸脑后，变成了肮脏政治交易的一部分，这些企业与政党、银行、建筑师合谋，共同推动城市再开发，同时还在郊区大量兴建高楼。1970年代末期，这种开发模式逐渐式微，同时也标志着大规模拆迁的结束，内城地区更新的城市政策得到重新定位。

由于公众对于市政当局以前的政策彻底丧失信心，这就要求人们必须彻底对规划政策重新定位，人们因此专门在1978年新成立了筹备国际建筑展（IBA 1987）的专门机构，这个机构与现有的规划管理机构同时存在，相互之间互不隶属。在这个新机构的领导下，人们选择了谨慎的城市更新方法，对那些19世纪的老房子加以修复，积极恢复原有的围合式街区格局，避免了现代主义模式下大规模拆迁、把原有街区变成“通道大街”的威胁。后来人们又发展出一种被称为“批判性重建”的方法，致力于恢复历史上的原有格局，使街道、公共空间、建筑地块、开发密度得到重新塑造，努力实现社会融合，推动参与者与建筑师之间相互合作。波登沙茨在书中也特别指出，这些开发之所以能够取得成功，关键是坚持了街区结构优先于单体建筑的原则。

本书前三分之二的部分主要是对城市和郊区开发的历史进行了回顾，同时记录了城市中心地区从规划变成现实的过程。此外作者还特别强调了一系列竞赛和建筑展的重要影响，例如大柏林建筑展（1908–1910年）、分别于1957年和1984–1987年举办的国际建筑展等。最后还讨论了东柏林和西柏林之间的差异问题。

在讨论过程中，作者再次尝试纠正人们的误解，努力补充那些被人忽略了的规划发展历史，例如强调了东柏林和西柏林基本上是同时出现了规划定位的转变，开始向后现代方向发展。1987年为了纪念城市建立750周年，东柏林和西柏林纷纷组织了一系列项目：除了柏林19世纪的大教堂和辛克尔的“新剧院”等单体建筑及其周边地区得到重建以外，“斯潘道城区”这个城市贫民区被修复，这个地区内部的建筑物大部分可以追溯到巴洛克时期，另外尼古拉小区的重建采取了后现代主义的方式。虽然人们必须摆脱把东柏林看作是“用混凝土预制构件建设的首都”这种误解，我们仍需记住此次纪念城市建立750周年的活动中，大部分的重建项目确实是使用工厂预制混凝土构件建筑技术。“混凝土预制构件建筑”这个词一直被刻板地与1970年代建设的那些单调乏味的住宅挂钩。但是到了1980年代，民主德国（GDR）发展并逐渐掌握了使用工厂预制混凝土构件建造传统的山墙和坡屋顶的技术方法。

本书最后三分之一部分则把注意力集中到“柏林墙倒塌后的柏林”，并对后来人们从极度乐观，到幻想破灭，再到经济停滞各个阶段的经历进行了总结。在这几个不同的阶段，开发的侧重点也有所不同，在侧重办公建筑和侧重居住建筑之间调整，同时也在内城开发和郊区新城区乃至区域发展计划之间不断摸索。柏林墙倒塌之后，最具影响力的城市设计规划方案之一要属“柏林内城规划纲要”，这一成果是基于“欧洲城市”（也是一个重要视角）传统对东柏林和西柏林进行重新设计的总体性构想。整个“内城规划纲要”以“批判性重建”为基础。在规划内容中，在获得普遍认可的目标中，首先就是对城市内部的高速公路和历史广场的道路交叉口进行整治，去除以前因为大战大规模机动车交通对内城地区带来的伤害。不过“内城规划纲要”也获得了不少争议，尤其是它强烈坚持反现代主义的立场，对东柏林以前的现代主义城市设计也持反对态度。在一定程度上，柏林市政府坚持的这种政策主张被人们看作是西德的资本主义消除东德的现代主义与东德身份认同的胜利。

在柏林目前面临的冲突当中，很多都是源于绅士化的影响，例如在“媒体施普雷”沿岸地区，那些大资本正准备侵占当地自身发展起来的势力，后者所代表的完全是另外一些发展方向和愿景。当然，本书所包含的内容必须有所取舍，如果希望面面俱到把所有这些问题都探讨清楚的话，很可能会破坏《柏林城市设计》这本书自身紧凑的结构。作者做出了很大努力，把柏林长达八个世纪的城市设计历史进行了精确的归纳，为了我们提供拓宽眼界的机会。本书填补了当前有关柏林城市设计领域文献的重要空白，我坚信该书定将成为这一领域的经典之作。

柏林城市设计简史

柏林是一个“欧洲城市”。它位于中欧的心脏地区——许多其他欧洲国家的首都例如布拉格和维也纳也有这样的特点。柏林是欧洲复杂历史、特别是大量战争影响下的产物，据说人们仍能在这座城市中寻觅到一些战斗的踪迹。柏林虽然是德国的首都，不过与伦敦、巴黎、布拉格和维也纳在其各自国家中的地位不同，相对于德国其他的城市来说，柏林还算不上最首要的城市。与所有欧洲城市所在的大都市一样，随着历史的发展，柏林拥有一个根据自身政治权利进行自我管理的地方政府。不过相比之下，在城市设计方面，柏林有着许多在欧洲城市中算得上非常独有的特征，这使它区别于很多其他的大城市。由于其独特的历史起源，柏林总是被称为“世界上最大的租屋城市”（Mietkasernenstadt，这个词的字面意义指的是“租屋兵营的城市”，译者注）——维尔纳·黑格曼在20世纪早期创造了这个相当贬义的词，用来描述这个德国首都的特征。事实上，从19世纪末一直影响到1970年代末，这个流传广泛、但又过于简化的概念在关于柏林城市设计的学术讨论和实践活动中产生了非常广泛且持续的影响。柏林在20世纪城市设计的发展过程，主要是人们应对“世界上最大的租屋城市”所带来挑战的结果（更准确的说法应该是探讨了多种应对的可能性）。

第10页
处于拆除和再生之间的柏林，2008年。

Photograph: Philipp Meuser

第1章　老柏林

从城市设计的专业角度来看，柏林属于19世纪和20世纪的城市。之前的历史时期对于这座城市形成过程的影响微乎其微。这种情况与罗马、米兰、维也纳和布拉格完全不同，这些城市除了源于古罗马时代以外，主要是源于中世纪和巴洛克时期的发展。就这一点来说，柏林与匈牙利的首都布达佩斯有更大的共同点，它们都是在19世纪最后三分之一的时段内发展起来的。

在文献上对柏林最早的记录可以追溯到1237年，传统上也把这个时间作为城市最初建立的时间。不过，“柏林”实际上是一座双子城——柏林和柯恩（Cölln），这两个城市各自都有自己的教堂和集市。在中世纪时期，这两个城市的面积都相当小，也没有任何建筑学意义上值得注意的建筑物。柏林的两座中世纪教堂——圣玛丽教堂和圣尼古拉斯教堂——都体现出这一时期的城市仅仅具有从属性地位，它们在形象上要比柏林的“母城”——哈韦尔河畔的勃兰登堡（Brandenburg an der Havel，今天它只不过是位于首都西部的一个小镇）内部富于装饰性特征的教堂要简陋一些。以此类推，哈韦尔河畔的勃兰登堡城里面的教堂又要比它自己的“母城”——马格德堡的主教堂要小得多。就此而言，马格德堡算得上是柏林的“祖母城”。

所谓的三十年战争（1618-1648）算得上中欧地区所发生过的最恐怖的战争，这场战争结束以后，柏林一跃成为当时欧洲的中等国家——普鲁士的首都。通过兴建豪华的王宫建筑，城市的管理者不断强化这个新的角色。对于当时的欧洲城市来说，兴建豪华的王宫建筑活动属于城市之间竞争的重要表现形式之一。选帝侯腓特烈三世（Elector FriedrichⅢ，即后来的普鲁士国王腓特烈一世）计划兴建一座新的王室城市，用来替代原先形象十分普通的老柏林。他对这座城市原来的宫殿已经完全失去了兴趣，因此雄心勃勃地对这些宫殿建筑进行第一次而且也是最为重要的一次改造，以便使它们与国王的身份相匹配。这个宏伟的新宫殿项目最早的方案很可能是由施吕特（Schlüter）完成的。今天我们还能够从保存下来的画作［让·巴布提斯特·布略普斯（Jean-Baptiste Broebes）绘制］中对其有所了解。这一大规模的工程之所以重要，原因就在于体现了当时专制主义的要求，其正立面朝东，正

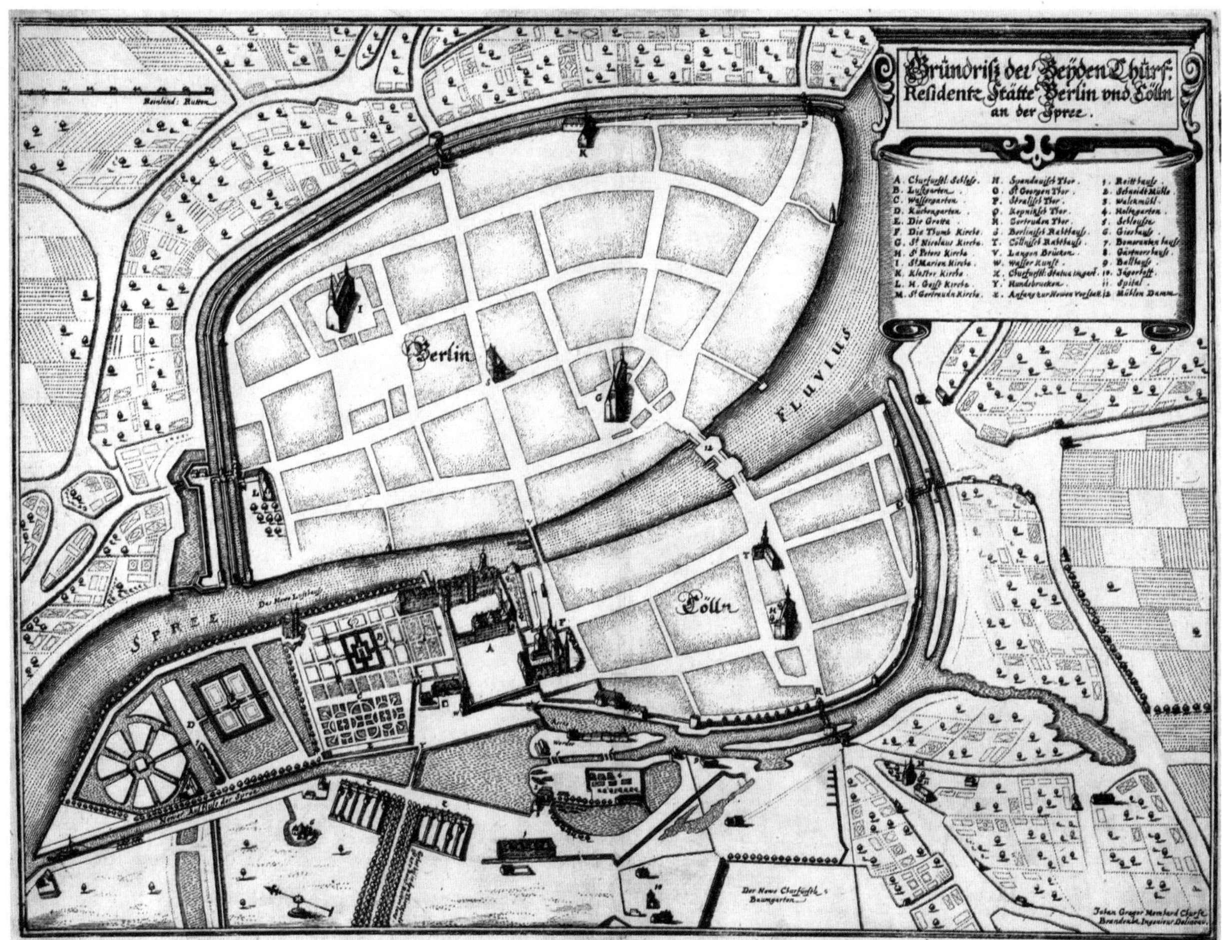

第13页

已知最早的柏林地图是由约翰·格雷格·梅姆哈特（Johann Gregor Memhardt）于1650年绘制的（北向位于左侧）。地图显示出在“三十年战争”的末期，柏林中世纪的城市结构仍清晰可见，城市平面通过一座文艺复兴时期兴建的宫殿延伸到施普雷岛北部。

Source: Bodenschatz, Harald (ed.): Renaissance der Mitte-Zentrumsumbau in London und Berlin, Berlin 2005, p. 169

第14、15页

威廉·利伯瑙（Wilhelm Liebenow）于1867年绘制的柏林地图。人们能够很明显地看到各个城区相互之间几乎毫无关联地拼贴在一起。

Source: Die Bauwerke und Kunstdenkmäler von Berlin. Bezirk Kreuzberg. Karten und Pläne, ed. on behalf of the Senator für Bau- und Wohnungswesen by Manfred Hecker, Berlin 1980, plan 24

Humboldt's Hafen
Wilhelms-Ufer
Alexander-Ufer
Alsen Brücke
Bismark Str.
Königs-Platz
Düppel Denkmal
Krolls Etabl.
Raczinski
Museum
Cornelius
Pariser Platz
Brandenburger Thor
Unter den Linden
Neue Charité
Thierarznei Clinicum
Caserne des 2ten Garde Rgm.
Exercier Haus
Weidendamm Brücke
Marschall Brücke
Artillerie Caserne
Hof Bau-Depot
Packhof
Monbijou
Universität
Opern H.
Hedwigs K.
Zeughaus
Französische K.
Gensdarmen-Markt
Königl. Schauspielhs.
Neue K.
Dreif. K.
Leipziger Platz
Potsdamer Thor
Leipziger-Strasse
Kriegs Minist.
Böhm. K.
Dönhofs Platz
Oranienburger Thor
Neues Thor
Schumann-Str.
Carls Pl.
Marien-Strasse
Dorotheen-Strasse
Mittel-Strasse
Behren-Strasse
Französische-Strasse
Jäger-Strasse
Tauben-Strasse
Mohren-Strasse
Kronen-Strasse
Krausen-Strasse
Zimmer-Strasse
Matthäi Kirche

Alexander-Platz
Neue-Markt
Marcus Kirche
Schloss-Platz
Spittel Markt
Wallner Theater
Waisen Brücke
Jannowitz Brücke
Andreas Platz
Kaiser Franz Grenadier Platz
Neue-Jacobs-Strasse
Landsberger Thor u. Platz
Markt-Plätze

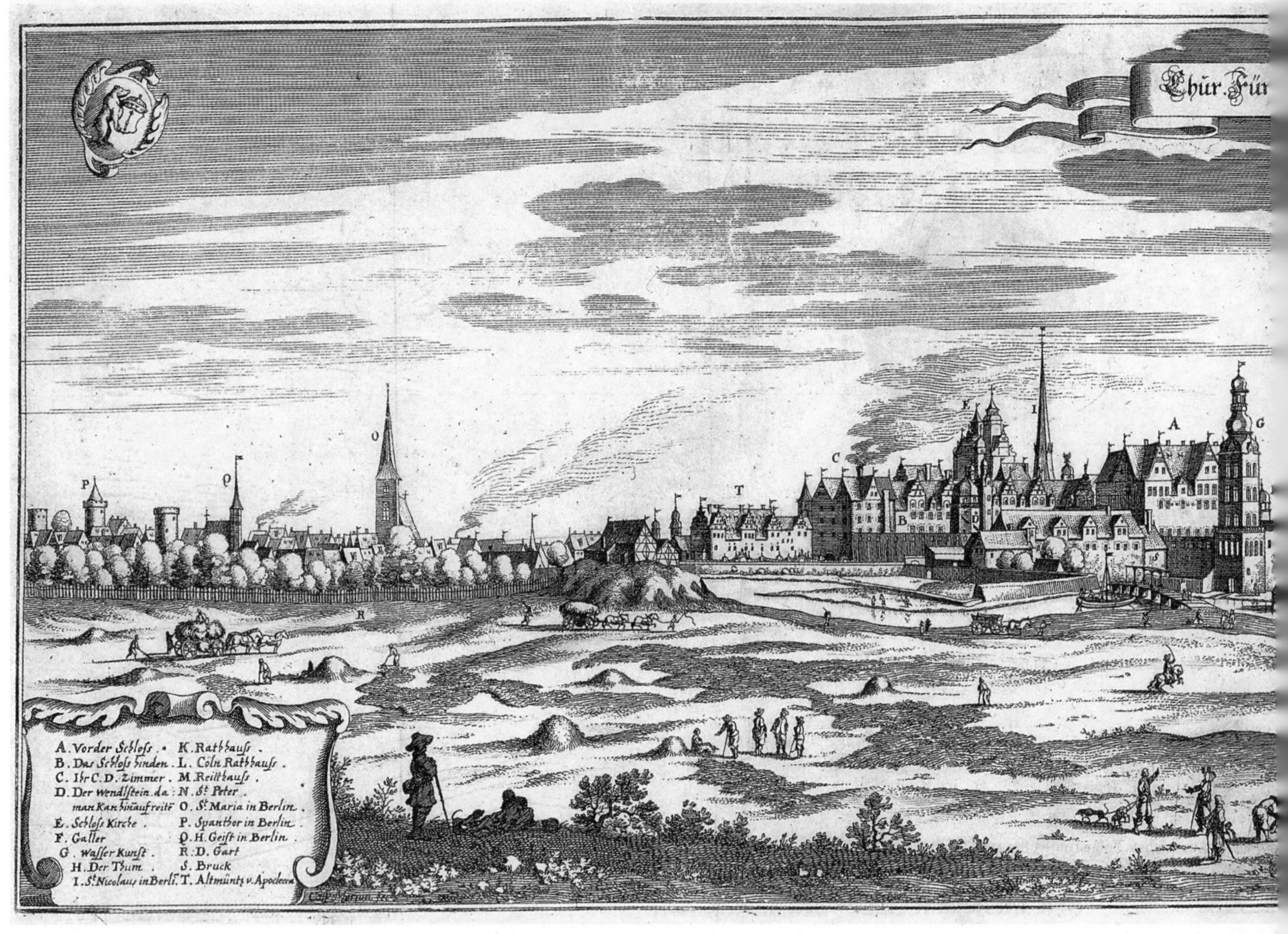

第16、17页

王室特征不明显：1652年由卡斯帕·梅里安（Caspar Merian）绘制的柏林和科恩宫殿区的景象。

Source: Harald Bodenschatz, Collection

erlin: v. Cöln:
H
L
N
M

第18页

王室特征不明显：重建之前的老宫殿和宫殿前广场，由小约翰·斯特里克贝克（John Stridbeck the younger）于1690年绘制。

Source: Die Stadt Berlin im Jahre 1690. Gezeichnet von Johann Stridbeck dem Jüngeren. Leipzig 1981

第19页

更为令人赞叹的是：从东侧看新的宫殿前广场和新建的宫殿。由让·巴普蒂斯特·布略普斯（Jean Baptiste Broebes）在大约1702年绘制。其前景是通向宫廷的大桥，这里可以清晰地看到大选帝侯（der Große Kurfürst）的雕像（今天这座雕像被安放在夏洛滕堡宫殿的庭院中）。

Source: Bodenschatz, Harald (ed.): Renaissance der Mitte. Berlin 2005, p 170

对着老柏林城，并由此确立了新王宫对于老城的统摄性地位。为了强化这种关系，人们在新建的大桥中央为这位三十年战争结束以后新普鲁士的建立者——“伟大的选帝侯”竖立了一座宏伟的雕像。除此之外，这座大桥直接与一条中世纪时期老柏林的主要街道——奥德贝格（Oderberger）大街相连［在加冕成为普鲁士国王以后，这条大街被重命名为“国王大街”（Königsstraße）］。按照施吕特的规划，这条大街（今天被称为“市政厅大街”，Rathausstraße）将引导着新王国走向辉煌。

不过这一雄心勃勃的计划最终没有能够实现，这一结果对于柏林的发展也产生了深远的影响。实际建成的宫殿主立面朝西，正对着代表体现胜利信念意义的“菩提树下大街”（Unter den Linden）。后来所有重要的工程建设都位于宫殿以西，整个城市的重心也完全转移到了西边的地区。与此同时，老柏林开始失去其重要地位，逐渐变成一个次要的区位，当地的影响力与投资也慢慢消失了。

在专制主义盛行的这段时间（与巴洛克时代基本是同一时期），中世纪的柏林经历了明显的扩张，城市向着各个方向外扩。首先开发的地区是腓特烈韦尔德（Friedrichwerder），紧接着是桃乐茜城（Dorotheenstadt）和腓特烈施塔特城（Friedrichstadt）这两个地区。由于后两个地区邻近王宫所在的地区，因此内部也布置了服务王宫的各种设施，后来这两个地区也逐渐获得了较高的社会地位。相比之下，那些在北部、东北部和东部新开发建设的城区的地位则较普通，例如国王城（Königsstradt）、斯潘道城区（Spandauer Vorstadt）和施特拉劳尔城区（Stralauer Vorstadt）等。不过即便如此，柏林仍然还只是一个主要承担居住功能的城市，其城市发展仍然落后于像维也纳和巴黎这样的主要欧洲中心城市。

到了19世纪中期，柏林的城市规模仍然相对较小。城市周边的那些村庄此时仍伫立在广阔的乡野当中，后来随着城市扩张才逐渐被合并到柏林内部。尽管如此，新时代的标志已逐渐显现：人们已经开始建设第一代火车站，柏林西部郊区也已经建成了第一个工业区（莫阿比特，Moabit）。不过王宫以外各个城区之间的联系仍很薄弱——它们彼此之间的城市形态差异明显，而这又使这些城区很难发展成为一个布局紧凑的城市整体。与此同时，原来中世纪的那部分城区已经位于城市的边缘。

考虑到柏林的发展总是落后于其他欧洲城市，这让统治阶层内部产生了相当强烈的不满情绪。由于柏林明显比不上其他主要的欧洲城市宏伟和壮丽，这让他们感到十分难堪。正是由于这种态度，才导致了柏林的城市中心在整个20世纪出现了根本的改变。柏林所经历的变化比任何其他欧洲的大都市区都要大得多。

第21页
大选帝侯的雕像位于新大桥的中心。1717年由J·F·文策尔（J. F. Wentzel）绘制，J·G·沃尔夫冈（J. G. Wolffgang）凿刻。雕像的设计者为：安德雷亚斯·施吕特（Andreas Schlüter）。

Source: Wirth, Irmgard: Berlin 1650–1914, Hamburg 1879, p. 8

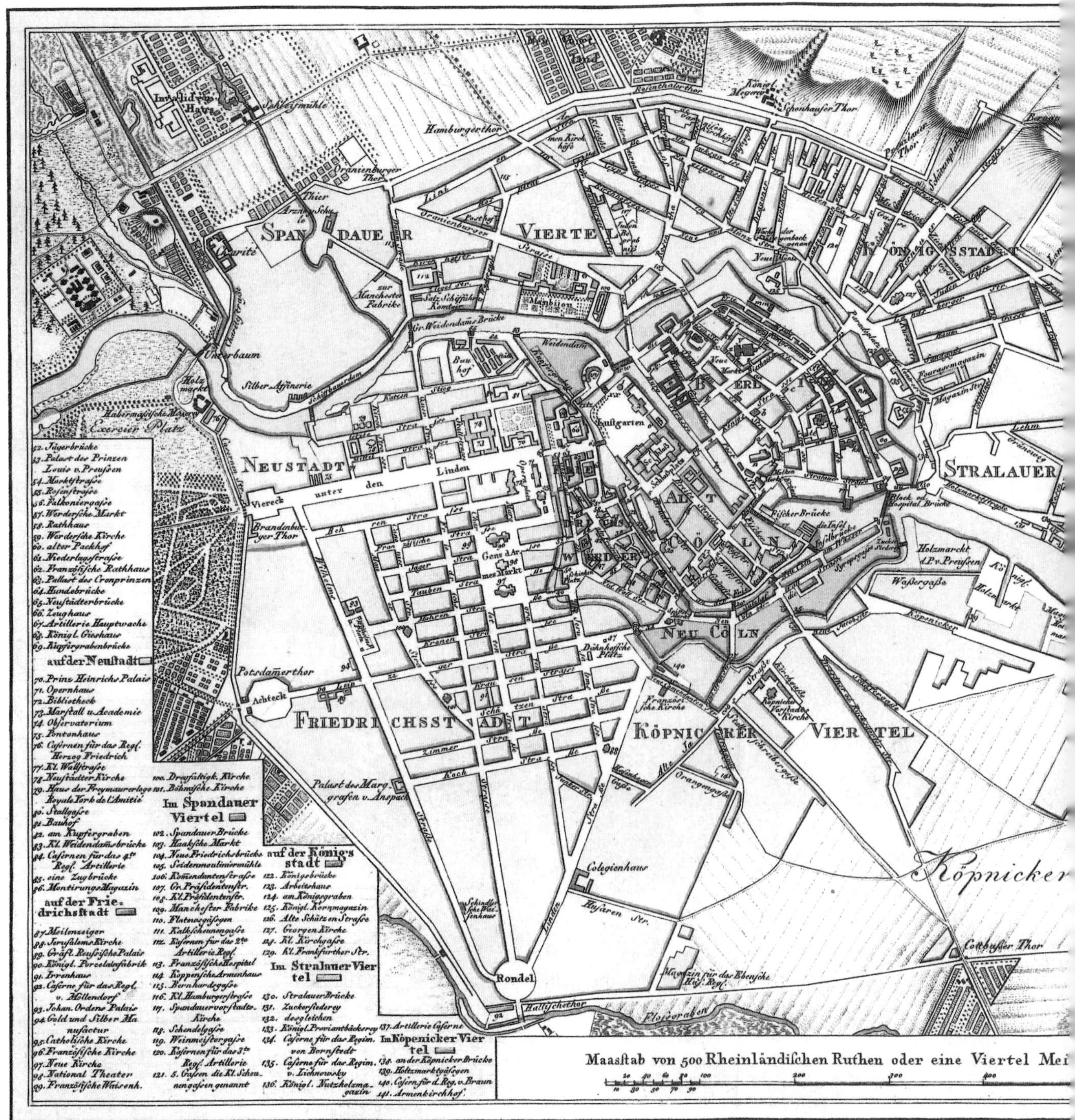
SPANDAUER VIERTEL
KÖNIGSSTADT
NEUSTADT
STRALAUER
ALT CÖLN
NEU CÖLN
FRIEDRICHSSTADT
KÖPNICKER VIERTEL
Köpnicker
Invaliden Haus
Hamburgerthor
Oranienburger Thor
Schönhauser Thor
Charité
Unterbaum
Holzmarkt
Silber Affinerie
Exercier Platz
Linden
unter den Linden
Viereck
Brandenburger Thor
Potsdamerthor
Achteck
Palast des Marggrafen v. Anspach
Rondel
Hallischethor
Cottbusser Thor
Colegienhaus
Lustgarten
Weidendam
Fischerbrücke
Holzmarckt d. P. v. Preussen
Wassergasse
52. Jägerbrücke
53. Palast des Prinzen Louis v. Preussen
54. Marktstrasse
55. Rosenstrasse
56. Falkoniergasse
57. Werdersche Markt
58. Rathhaus
59. Werdersche Kirche
60. alter Packhof
61. Niederlagsstrasse
62. Französische Rathhaus
63. Pallast des Cronprinzen
64. Hundebrücke
65. Neustädterbrücke
66. Zeughaus
67. Artillerie Hauptwache
68. Königl. Gieshaus
69. Kupfergrabenbrücke
auf der Neustadt
70. Prinz Heinrichs Palais
71. Opernhaus
72. Bibliotheck
73. Marstall u. Academie
74. Observatorium
75. Pontonhaus
76. Casernen für das Regt. Herzog Friedrich
77. Kl. Wallstrasse
78. Neustädter Kirche
79. Haus der Freymaurerloge Royale York de l'Amitié
80. Stallgasse
81. Bauhof
82. am Kupfergraben
83. Kl. Weidendamsbrücke
84. Casernen für das 4te Regt. Artillerie
85. eine Zugbrücke
86. Montirungs Magazin
auf der Friedrichsstadt
87. Meilenzeiger
88. Jerusalems Kirche
89. Gräfl. Reussische Palais
90. Königl. Porcelainfabrik
91. Irrenhaus
92. Caserne für das Regt. v. Mollendorf
93. Johan. Ordens Palais
94. Gold und Silber Manufactur
95. Catholische Kirche
96. Französische Kirche
97. Neue Kirche
98. National Theater
99. Französische Waisenh.
100. Dreyfaltigk. Kirche
101. Böhmische Kirche
Im Spandauer Viertel
102. Spandauer Brücke
103. Haaksche Markt
104. Neue Friedrichsbrücke
105. Seidenmoulinirmühle
106. Komendantenstrasse
107. Gr. Präsidentenstr.
108. Kl. Präsidentenstr.
109. Manchester Fabrike
110. Flatowgässgen
111. Kalkscheunengasse
112. Kasernen für das 2te Artillerie Regt.
113. Französische Hospital
114. Koppensche Armenhaus
115. Bernhardgasse
116. Kl. Hamburgerstrasse
117. Spandauervorstadtr. Kirche
118. Schendelgasse
119. Weinmeistergasse
120. Kasernen für das 3te Regt. Artillerie
121. 5. Gassen die Kl. Scheunengassen genannt
auf der Königsstadt
122. Königsbrücke
123. Arbeitshaus
124. am Königsgraben
125. Königl. Kornmagazin
126. Alte Schützen Strasse
127. Georgen Kirche
128. Kl. Kirchgasse
129. Kl. Frankfurther Str.
Im Stralauer Viertel
130. Stralauer Brücke
131. Zuckersiederey
132. desgleichen
133. Königl. Proviantbäckerey
134. Caserne für das Regim. von Bornstedt
135. Caserne für das Regim. v. Lichnowsky
136. Königl. Nutzholzmagazin
137. Artillerie Caserne
Im Köpenicker Viertel
138. an der Köpnicker Brücke
139. Holtzmarktgässgen
140. Casern für d. Reg. v. Braun
141. Armenkirchhof
Maasstab von 500 Rheinländischen Ruthen oder eine Viertel Mei
10 20 30 40 50 60 70 80 90 100 200 300 400

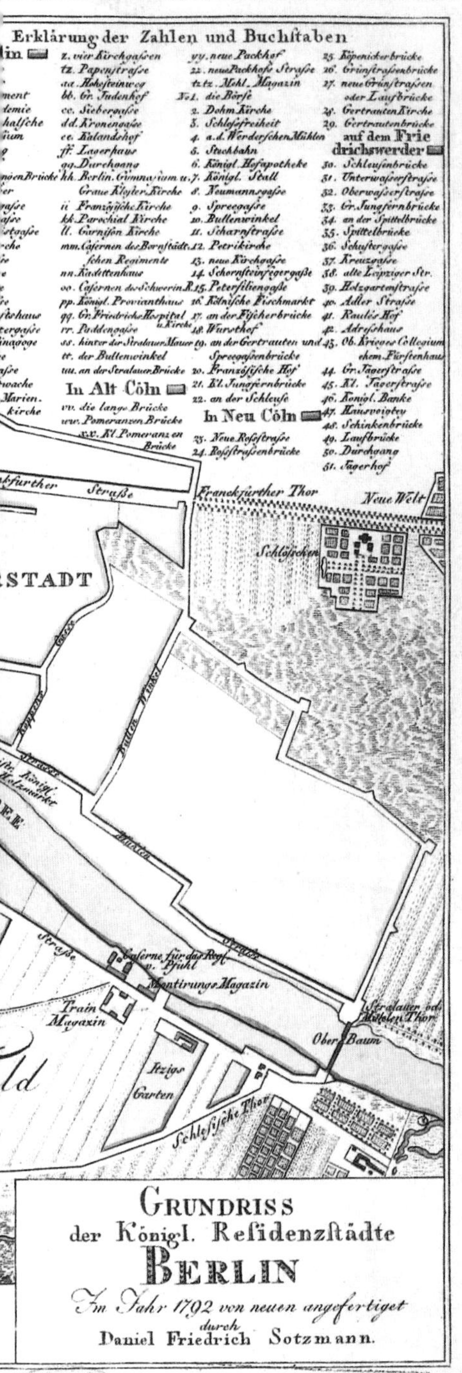

第22、23页

1792年由丹尼尔·腓特烈·索慈曼（Daniel Friedrich Sotzmann）绘制的柏林王宫地区地图。人们在腓特烈斯韦尔德规划了统一的巴洛克式新城区，这种布局一直延伸到了中世纪城市中心（柏林和老科恩）的西部、东部和北部的郊区，这些地区的空间布局并不规则，也不属于特权地区，包括“国王城”、“施潘道城区”（Spandauner Viertel）和“斯特拉劳尔城区”（Stralauer Vorstadt）等地。

Source: Harald Bodenschatz, Collection

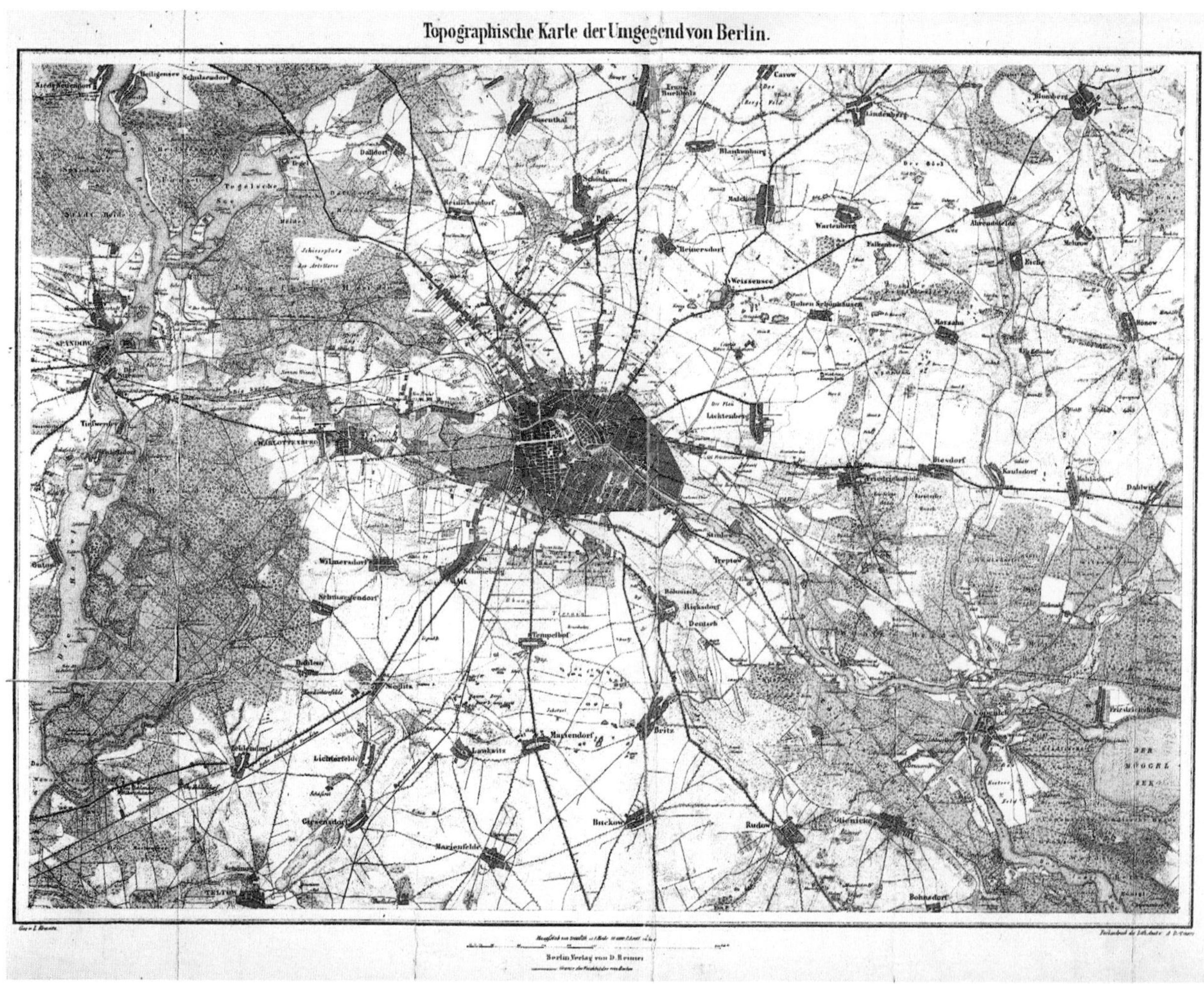

第24页

1853年柏林及其近郊的地图。柏林周围的村庄仍位于广袤的乡村中。连接这些村庄与柏林的道路随后将成为大柏林的主干道。

Source: Harald Bodenschatz, Collection

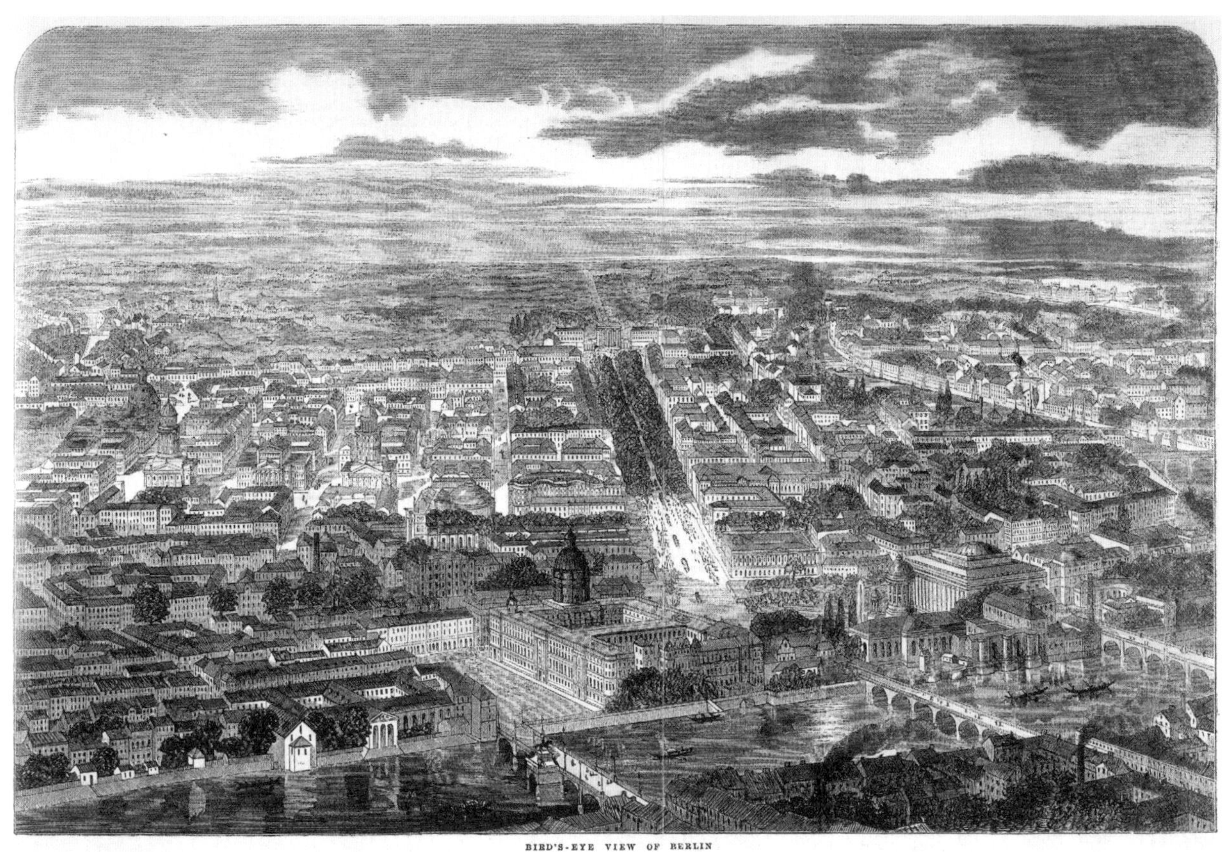

第25页

1858年位于施普雷河与勃兰登堡门之间柏林历史中心的鸟瞰景象。

Source: Harald Bodenschatz, Collection

第26页

在城市中心区，腓特烈大街属于典型的“车站型街道”。腓特烈大街的火车站通过它与“菩提树下大街”和莱比锡大街相连接。

Source: Berlin um 1900. Photographiert von Lucien Levy. Mit Beschreibungen von Herbert Kraft, edited by the Archiv für Kunst und Geschichte, Munich 1986, p. 49

第2章　柏林成为大都会

如今我们所熟知的“大柏林”主要是在“帝国时期”（1871–1918年）发展起来的，后来的城市发展也一直受到这一时期的深刻影响——那是一段前所未有的繁荣时期，当时发展起来的首都城市的结构至今仍然清晰可辨。“帝国时期”的柏林已经成为欧洲大陆最大的工业城市，主导产业包括机械工程和新兴的电力和化学工业等。大柏林的人口以指数的方式猛增：1786年人口只有14.7万，到1840年达到32.9万，1871年发展到93.2万，到1910年时已经突破370万。

人口猛增带来的首要影响就是柏林地理范围的快速扩张。在这一过程中，柏林从一个历史城镇发展成为大都市中心。桃乐茜城和腓特烈城这些位于北部的宏伟巴洛克式城区在发展成为耀眼城市中心的同时，柏林古老的中世纪城区面临的压力则不断增加。由于后者不够美观，与现代交通的发展也相互冲突，甚至还存在健康方面的问题，有人认为这部分城区与其作为德意志帝国首都一部分的身份并不相称；在同一时期，巴黎和维也纳则已经发展成为首都城市规划的典范。相比之下，柏林就暴露出了明显的差距。在帝国时期，建筑师们提交了一系列相当激进的规划方案，希望用大规模开发建设清除并替代以前那些旧的街巷。不过这些规划方案很少有机会得到实现。直到第二次世界大战结束以后，人们才开始着手解决柏林中世纪城区部分的各种问题。

在工业化时期之前形成的城市中心周围，出现了一圈密集的城市地区，这一地区被称作“威廉环”（der Wilhelminische Gürtel）。这部分城区的北部、东部和东南部属于工人阶级聚集区；资产阶级聚集区则位于南部和西部，最集中的地区位于西南部。在这个由环路围绕的紧凑城区以外，是专门服务于上层中产阶级的高档郊区住宅区，而且向外不断蔓延。建造别墅的选址主要是根据所有者的个人喜好，而不再遵循环路内部地区的城市规划要求，开发建设仍然是以西南方为主要中心，位于柏林和波茨坦之间。集中的工业区则位于其他不够知名的郊区边缘位置，紧

第27页
令人眼花缭乱的大都市：莱比锡大街/腓特烈大街的街角位置。由瓦尔德玛·提森哈勒（Waldemar Titzenthaler）拍摄于1907年。

Source: Landesbildstelle Berlin, as doc. in: AIV (ed.): Berlin und seine Bauten. Teil I: Städtebau, Berlin 2009, p. 29

第28页
并不那么华丽的地区：城市中心的克略格尔霍夫（Krögelhof）。由海因里希·齐勒（Heinrich Zille）拍摄于1896年前后。

Source: Flügge, Matthias: Heinrich Zille, Berlin / Munich 2008, p. 182, as doc. In: AIV (ed.): Berlin und seine Bauten. Teil I: Städtebau, Berlin 2009, p. 34

邻着工人阶级聚集区建设。在第一次世界大战以前，属于中产阶层的城郊住宅区所覆盖的范围和整个紧凑的威廉环地区大小差不多——这种情况成为反映这一时期社会分化程度的一个有趣指标，充分暴露出当时存在着明显的社会不公平问题。此外，当时对于单个家庭及其佣工所占有的别墅面积几乎没有做什么限制，此类建筑的居住面积一般会超过200平方米。相比之下，在1905年柏林的工人阶级住宅区内部（共有居民1088269人，超过全市人口的一半），每个配备供暖设施房间里面的居住人数从3–13人不等。

这座社会阶层极度分化的帝国城市几乎完全是通过私人投资者建设起来的，这个过程中各种土地开发公司发挥了巨大的作用。从这一方面来看，柏林与其他19世纪末的大都市并无太大区别：一方面城市或国家针对城市开发制定的法规不够充分，另一方面土地所有者对于国家的决策过程又有着巨大的影响。在很大程度上，甚至各种市政和交通基础设施也都是依靠私人投资者进行建设和运营的。而最为重要的是，这会影响到地方的公共交通系统——而这个因素是大都市扩张的先决条件。很明显，由于国家在制定法规并规范私人开发活动方面无所作为，帝国时期兴起的私人开发活动导致了明显的社会分化后果，开发建造的标准和质量差异较大。不过这同时也表明，私人房地产开发商确实能够提供广泛的产品——既包括至今仍广受欢迎的宏伟城区，也包括其他在公共空间和城市绿化方面有严重问题的城区。到第一次世界大战开始的时候，柏林实际的都市区范围已经远远超越了政府原来划定的柏林城市行政边界。原来的行政边界已经显得太过局限，城市的发展早就蔓延到周边的城镇和村庄。在这样的背景下，与许多其他大城市一样，重新调整原来柏林与周边行政区关系的工作已经迫在眉睫。尽管如此，所有早期构建“大柏林”的努力都以失败告终。

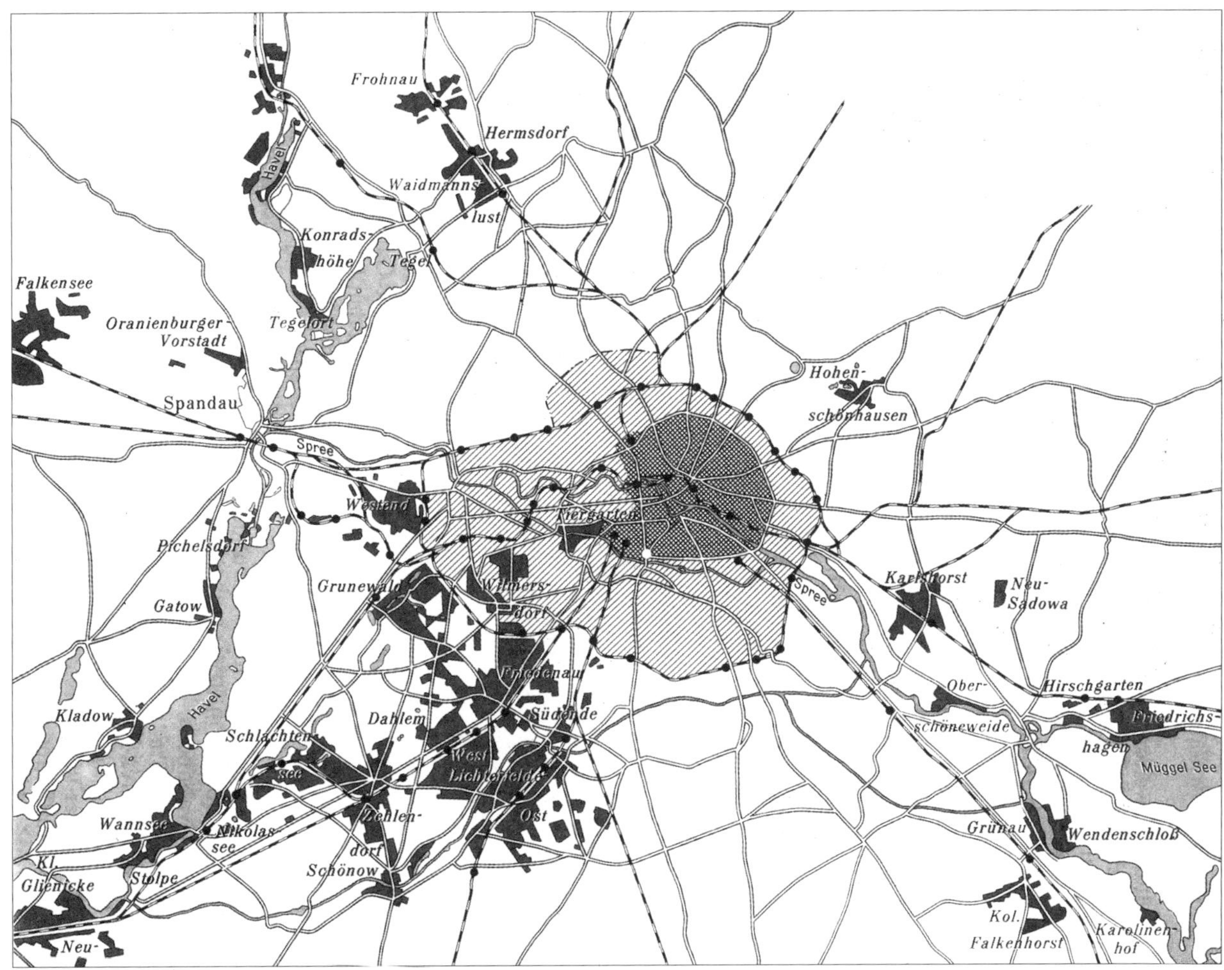

第29页

1914年左右的大柏林地区，已经形成了由城市中心向外延伸的密集圈层结构。在外围地区，城郊别墅和乡间住宅都沿着城市的主干路、铁路线发展，占据了风景秀丽的地区。

Source: Hofmeister, Burkhard et al. (ed.): Berlin. Beiträge zur Geographie eines Großstadtraumes, Berlin 1985, p. 254

Werder Strasse.
Wasser
Schleuse.
A. Mühlengraben.
Neuman
Kur
Holzgarten Str.
Strasse
Adler
Strasse.
Str.
Str.
Rauleshof.
Jungfern-Br.
Spree Str.
Friedrichs
Leipziger
Kl. Jäger Str.
Ob.
Strasse
Scharren
Wasser
Str.
Str.
Str.
Niederwall
Alte
Kreuz
Kl. Kur
Gertraudten-Brücke.
Jerusalemer
Spittel-
Markt.
Strasse.
Strasse.
Wall
Seydel

Spree
Mühlen
Strasse
A.d.Fischer
Fischer
Brücke.
Durchgang
Strasse.
Köllnische Str.
Cölln. Fischmarkt
Ross
Str.
Petri
Platz.
Petri Kirche
Petri
Grün
Strasse.
Schornsteinfeger Gasse
Ritter Gasse.
Str. Gracht.
Rossstr. Brücke
Neu Kölln
N Ross
Splittger
Friedrichs
Gracht.
Die
Spree
Graben
Strasse.
Strasse:
Strasse

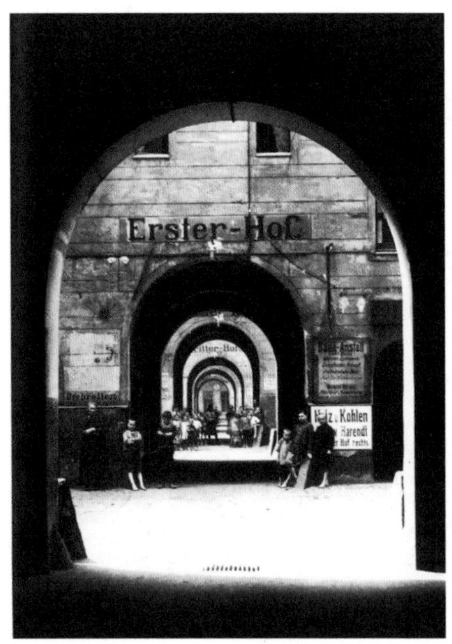

第32页
当时一直备受批评的“租屋城市”的图片：迈耶霍夫（Meyerhof）内部的六个庭院，1910年。

Source: Geist, Johann Friedrich / Kürvers, Klaus: Das Berliner Mietshaus. Vol. II: 1862 – 1945, Munich 1984, p. 65

第30、31页
大都市如果没有城市地下工程根本无法生存：1884年柏林下水道系统，施普雷河以南部分地区的管网。

Source: Hobrecht, James: Die Canalisation von Berlin. Nebst einem Atlas in Groß-Folio mit 57 Tafeln. Darstellung der Entwaesserungsleitungen, Pumpstationen und Rieselfeldanlagen, Berlin 1884

2.1 世界上最大的租屋聚居区

柏林被认为是“世界上最大的租屋城市”。但是就城市设计和开发而言，必须思考构成所谓“租屋城市”的主要内涵到底是什么？19世纪后半叶，引导柏林城市扩张的基础是所谓的霍布莱希特规划，该方案是由普鲁士警察当局委托詹姆斯·霍布莱希特（James Hobrecht）编制的。霍布莱希特在1862年接到委托，即在奥斯曼男爵的巴黎城市重建规划（1852年开始）实施之后不久。这个时候也是维也纳的环路规划（1858年开始）和伊迪芬斯·塞尔达（Ildefons Cerd à）的巴塞罗那城市扩张规划（1859年）刚刚完成的时候。

考虑到巴黎和维也纳的规划方案主要集中在城市重建方面，霍布莱希特和塞尔达的规划算得上是最早且最重要的城市扩张规划。这些规划并不是由传统上受过专业训练的建筑师，而是由工程师设计完成的。通过旅行当中的调研，詹姆斯·霍布莱希特曾经研究过伦敦和巴黎的城市发展经验，不过他的行程中没有涵盖巴塞罗那。相比之下，塞尔达的规划一直到今天都被认为是欧洲城市规划历史上最伟大的设计之一，备受赞美，而很多年来霍布莱希特的柏林规划所得到的却只有批评和蔑视。

事实上，不同于塞尔达的巴塞罗那规划，霍布莱希特的柏林规划当中并没有安排具有鲜明几何构图且比较平衡的宏大设计。此外，与塞尔达的规划方案相比，霍布莱希特的方案避开了历史中心，也没有考虑拓宽现存的街道。他的规划方案主要是希望引导城市实现圈层扩张，并在此基础上安排街道和公共空间，通过宽阔的街道和大量的公共广场为城市提供绿地空间。方案也为现存的街道、房地产界线和基础设施保留了一定的余地。原则上，这个规划方案并没有特别区分工人阶级和资产阶级的城区。与塞尔达的规划方案不同，霍布莱希特建议为这两种不同类型的区域提供共同的基础。除此之外，该方案还在不同类型的邻里当中创造了一系列充满吸引力的区位。最好的区位基本都是沿着那条不规则的环状道路布置，周围还安排了公共广场。然而，当实际建造工人阶级城区的时候，霍布莱希特之前规划的许多公共广场都被放弃了。与塞尔达的巴塞罗那规划相比，霍布莱希特的规划因

第33页

1862年的霍布莱希特规划（红色区域）——该规划是这个“和石头一样无情的城市”后来发展最重要的基础。

Source: Geist, Johann Friedrich / Kürvers, Klaus: Das Berliner Miethaus. Vol. II: 1862 – 1945, Munich 1984, p. 149

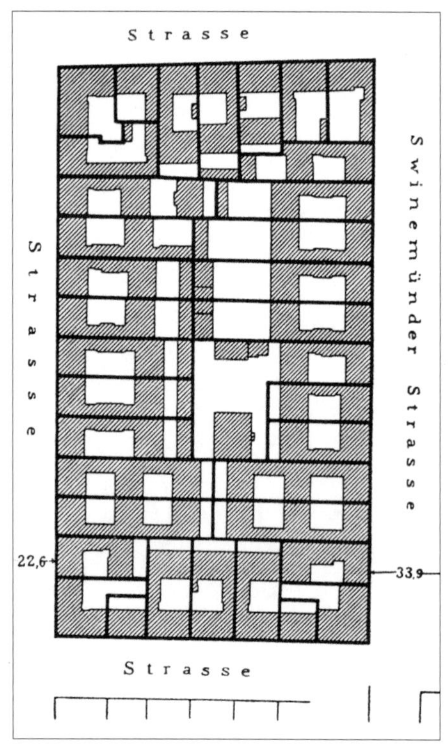

第34页
1902年内部带院子的典型租屋街区。

Source: Eberstadt, Rudolf: Handbuch des Wohnungswesens und der Wohnungsfrage, Jena 1910, p. 66

第35页
普伦茨劳贝格地区的租屋街区，2009年。

Photograph: Philipp Meuser

为后来的房地产投机活动而受到指责，不过这种批评可能并不公正。尤其是批判中还指责是霍布莱希特造成了过高的建筑密度和狭小的庭院，这些特征被视为租屋开发中最不人道的方面。但是实际上，他的规划方案中并没有做出什么专门规定来确定每个街块的形式、密度或建筑布局。实际的建筑类型仅仅是根据相关的建筑法规，明确了建筑高度和内部庭院的尺寸。当时这些庭院的大小完全是由防火要求确定的。所以每个庭院只要满足5.3米见方，保证放得下消防软管就可以了。随着时间的推移，由于人们对"城市卫生"问题日益关注，规定的庭院最小尺寸才逐渐增大。

当然除了柏林以外，这种"租赁住房"也存在于比如德国的莱比锡以及维也纳和布达佩斯等其他国家的城市。为工人阶级建造的大量住房也出现在巴塞罗那、纽约和其他主要的大城市。然而任何其他的城市，都不存在像柏林这样激烈（却很有见地）讨论解决"租赁住房"问题的情况。这场讨论产生了严重的影响：由于人们对于"租赁住房"这种建造形式提出强烈批评，再加上其中存在的社会问题，这就给后来人们在再开发战略中选择大规模拆除这种建筑提供了正当理由。维尔纳·黑格曼（1881–1936）并不是最早对这种"租赁住房"提出批评的人，甚至也算不上是最重要的批评人士；鲁道夫·埃伯施塔特（Rudolf Eberstadt，1856–1922）具有重要地位，可以被称为针对这类房屋的批判运动"之父"。对于埃伯施塔特来说，"租赁住房"这种组织方式可以算得上是当代大都市内部最差劲的设计方式。然而对于德国"租赁住房"的批评家们来说，怎样的替代性城市设计方式才是他们所认可的呢？他们当中的大多数强烈认同开发那种两层"有露台"的英国式住宅，也就是选择在市郊为资产阶级和工人阶级建设住房。许多改良人士认为，不管是中产阶级的公寓还是工人阶级的租屋，这种多层的城市租屋街块在本质上就是邪恶的。不过到第一次世界大战爆发的时候，这种观点及其所指向的反城市趋势所获得的支持还很有限。直到战争结束以后，这种态度才开始主导柏林后来的发展思想。

今天的研究人员对于一战前大柏林区域内部关于"租赁住房"的争论其实存在一定的误解。"租赁住房"这一术语里面，实际上涵盖了许多非常不同的城市开发途径。这里面除了工人阶级住房

以外（这些建筑物确实因为普遍存在狭窄而压抑的庭院而遭到诟病），其实也包括了许多内部空间比较宽敞的多层高密度住房街区。选帝侯（Kurfürstendamm）大街就是一个尤其著名的例子，这是一个始于1883年的私人开发项目。开发商仿照香榭丽舍大道，希望为柏林西部的资产阶级创造一个宏伟的舞台。这条街道受欢迎的原因在于沿街的公寓建筑在底层为咖啡馆、商店、娱乐和文化设施提供了空间。罗马风广场（Das Romanisches Forum）位于大街的东端，成为"柏林西部"的新中心。另一个服务于新中产阶级城区的杰出例子位于历史中心的西南部地区——例如巴伐利亚小区（Das Bayerisches Viertel，始建于1898年）和莱茵兰小区（Das Rheinisches Viertel，建于1910–1914年）。这两个街区都是由格奥尔格·哈勃兰（Georg Haberland）经营的一家私人土地投资公司开发的。在1900年前后的几十年繁荣时期，哈勃兰应该算得上是当时最重要的城市开发商了。"莱茵兰小区"称得上是当时由私人主导实施城市设计改革的一个典型实例。通过采用紧密肌理的街道布局方案，规划放弃了安排内部院落，避免了当时柏林城市街块普遍存在的内部院落问题，新的布局还给公寓内部提供了宽敞的居住空间，这一特点最后发展成为整个地区的"品牌"。地铁站也被纳入当时的设计构思，为居民前往柏林的市中心提供了更多的便利。其建筑语言也很独特：设计师倾向于向英国式的资产阶级建筑寻找灵感，同时有意与"帝国时期"的建筑风格保持了一定的距离，这种建筑风格被认为混合了"暴发户"和"专制主义"特征。不过到今天已经找不到完整记录这个犹太房地产商格奥尔格·哈勃兰的传记了。

不过，城市政府也实施了许多旨在鼓励郊区快速发展的重要项目。其中一个例子位于柏林西北部的魏森湖（Weißensee），它是城市政府的一次尝试。城市政府为了强调自身的形象和地位，在1907–1912年间提出委托，希望以"十字塘"（Kreuzpfuhl，一个小池塘）为核心开发一个宏伟而紧凑的城镇中心。詹姆斯·布灵（James Bühring）成为负责规划这片精美建筑群的建筑师。尽管如此，在柏林城市设计的历史上，并没有给予"魏森湖"这个在市郊规划全新中心的杰出案例以应有的地位，在国际背景下讨论城市设计的历史就更不用提了。

第37页
选帝侯大街的历史明信片，当地发展起充满吸引力的住宅和商业。

Source: Harlander, Tilman (ed.): Stadtwohnen, Munich 2007, p. 118

第36页
从西面鸟瞰选帝侯大街，2009年。

Source: Dörries, Cornelia et. al.: Luftbildatlas Berliner Innenstadt, Berlin 2009, p. 58 / 59

第38页

服务于资产阶级巴伐利亚小区内部的巴伐利亚广场，1910年左右。

Source: 40 Jahre Berlinische Boden-Gesellschaft, Berlin 1930, p. 17

到目前为止，尚没有一本书能够把柏林密集中产阶级城区内部的各种项目都涵盖进来，虽然当时建成了许多项目，但也有更多的项目并未建成。这种情况是非常不幸的，因为如果能够更加全面地了解柏林城市开发的信息，就可以在关于城市设计的国际讨论中纠正很多基本的误解。在专家的出版物当中，通常把中产阶级的居住区规划方法分成两种：一种是“盎格鲁–撒克逊”式的资产阶级城市化；另一种则是法国式的方法，在奥斯曼男爵领导的项目中，强调通过拓宽街道来推动城市建设。后者完全颠覆了巴黎旧的街巷规划方案，由此为巴黎著名的林荫大道创造了空间，这种方法也因此重新创造了对资产阶级的吸引力，否则的话就会让人们失去对这个历史名城的兴趣。在一战爆发以前，终于出现了第三种可能性，而柏林是首先就要提到的案例：通过开发对“上层”具有吸引力的紧凑型多层建筑风格，来实现资产阶级居住区的城市化。在大约同一时期，这种城市扩张形式与当时在柏林同样开发建设的专属于资产阶级的独栋别墅区模式展开了竞争。虽然类似的城市增长过程也发生在当时欧洲的其他大城市当中——主要是巴黎，此外也包括布达佩斯、布拉格和维也纳——不过就数量和质量而言，柏林才算得上是先驱者。由于第一次世界大战的爆发，在柏林发展起来的“第三种方式”被迫中断了，结果人们一直都低估了柏林对于欧洲城市设计历史所做的贡献。不过即使在当时，这种做法所受到的认可也很有限；柏林的经验被那些指望从英国的郊区开发模式中寻找灵感的租屋批评家们所忽略。再后来，随着人们从现代主义的视角来书写城市设计的历史，这种模式也就被遗忘了。

第39页
位于资产阶级片区莱茵兰小区的兰道尔大街。

Source: 40 Jahre Berlinische Boden-Gesellschaft, Berlin 1930, after p. 26

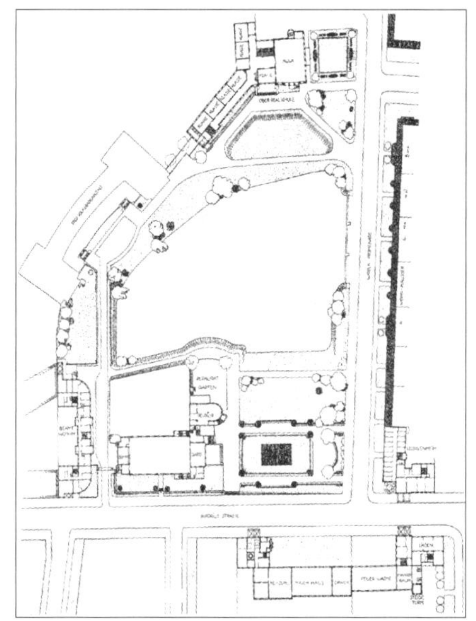

第39页
1911年魏森湖项目的中心平面，只有部分建成。

Source: Bennewitz, Joachim: Die Stadt als Wohnung. Carl James Bühring. Architekt in Berlin und Leipzig. Berlin 1993, p. 10

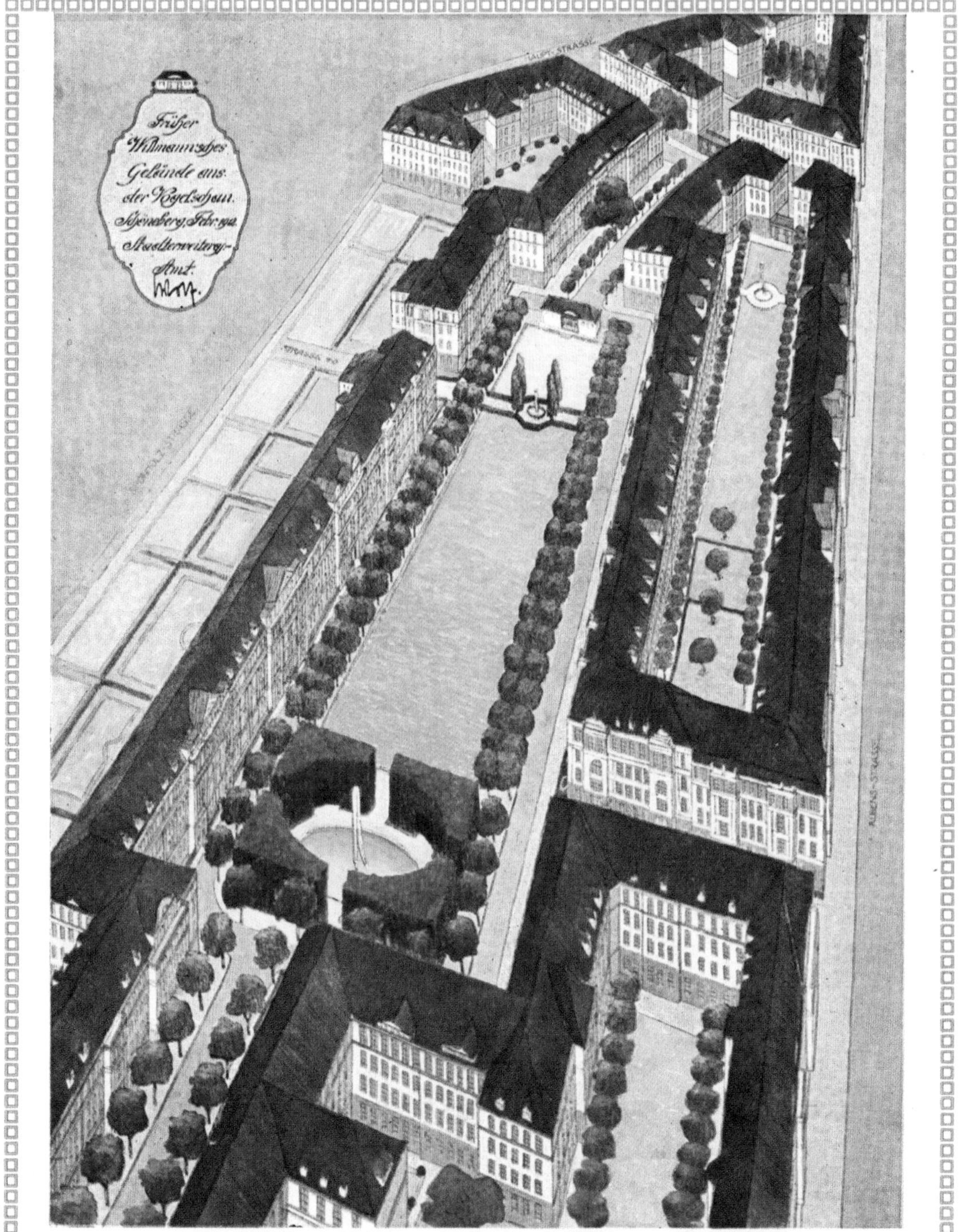

2.2 独栋别墅区和“花园城市”

与其他欧洲大城市的情况一样，柏林郊区周边开发了大量的独栋别墅区。里希特菲尔德（Lichterfelde）的别墅区（1865年最早由来自汉堡的地产商约翰·安东·威廉·冯·卡斯滕开发，Johann Anton Wilhelm von Carstenn）算得上是这种城市扩张方式的开端。在柏林的项目开始之前，卡斯滕研究了伦敦的开发方式，并在汉堡积累了一定的经验。如果从传统的规划观念来看，里希特菲尔德的大规模别墅区开发没有所谓的中心，只是在靠近火车站的地方设置了两处主要的出入口。在这一时期，每个成功的郊区开发方案都依赖于铁路线的存在，以便为居民提供通往市中心的快速交通。里希特菲尔德位于两条铁路线之间。里希特菲尔德西火车站前面的广场（始建于1897年）形成了一定的特色：沿着小广场的三面分别兴建了两层的建筑物，底层用于提供各种基本服务，二层则是作为公寓使用。建筑形式参考了具有复古特征的英国小城镇风格，结构为木质框架结构。精心设计的火车站成为广场的第四面。这个项目有可能是最早一个在郊区围绕火车站兴建紧凑中心的尝试，这一模式后来在郊区开发当中取得了广泛成功，其中一个著名的例子就是1915~1916年在芝加哥北部开发的莱克福里斯特（Lake Forest）。

对于作为私人投资者的卡斯滕来说，里希特菲尔德的开发只是获得一个更广阔城市开发的前奏（1892年向外公布）——以格伦那瓦尔德（Grunewald）为中心，他在柏林和波茨坦之间创造了一个范围很大的花园城市。虽然确实有人认为这个规划是替代“威廉环”的方法，但它本质上还是一个专门为资产阶级服务的方案，并没有考虑为占人口大多数的工人阶级服务。即使不考虑卡斯滕制定的这个资产阶级城市别墅区规划，柏林和波茨坦之间的区域也会在很大程度上沿着他所设定的线路逐步被开发出来。沿着格伦那瓦尔德风光旖旎的湖泊和森林边缘，欧洲最大的别墅连绵区渐渐发展起来。

基于火车站开发独栋别墅区这一理念，对柏林的城市规划造成了多方面的重要影响。“墨西哥广场”（Mexikoplatz）是一个经过精心设计、具有小城镇特点的广场，它成为西泽仑多

第41页
环绕里希特菲尔德火车西站建设的中心，建于1897年——该项目属于郊区中心开发的早期实例。历史明信片。

Source: Christoffel, Udo (ed.): Berlin in Bildpostkarten, Berlin 1987

第40页
1912年位于舒内贝格地区的塞西琳花园项目（Ceciliengärten），施工并未完全按照此设计进行。

Source: Boden-Aktiengesellschaft Berlin-Nord (ed.): In den Ceciliengärten, Berlin ca. 1912

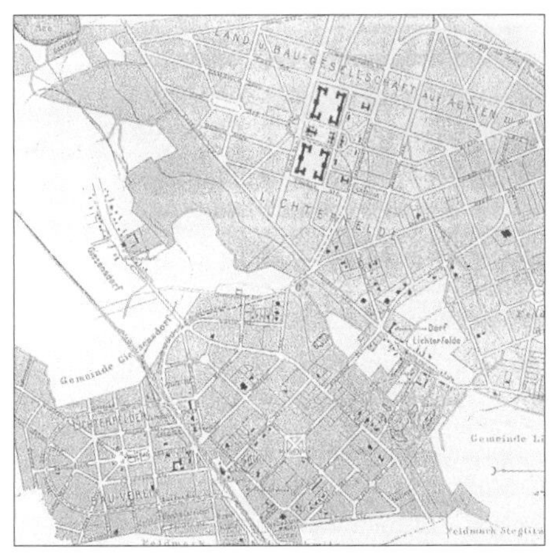

第42页
1873年，里希特菲尔德别墅区的平面图，大部分已经建成。

Source: Landesarchiv, map department, as doc. in: Harlander, Tilman (ed.): Villa und Eigenheim. Suburbaner Städtebau in Deutschland, Stuttgart / Munich 2001, p. 112

第42页
里希特菲尔德火车西站、站前广场以及周边的别墅开发，2009年。

Photograph: Philipp Meuser

夫（Zehlendorf West）的中心，周围分布着新的别墅区（始建于1903年）。此类郊区中心最重要的例子是位于柏林北部的弗略瑙（Fronau），也被称为“花园城市”。该地区属于一战以前最后一个大规模开发的别墅区（始建于1907年），体现了“花园城市运动”早期在规划设计方面的尝试。具有当地小城镇风格的两个广场分别位于火车站两侧。与弗略瑙的许多其他广场和公园一样，这个广场是由房地产开发公司委托，根据景观建筑师路德维希·雷瑟（Ludwig Lesser）所制定的一个相当奢侈的方案完成的。它立即就被普遍接受，作为“商业化”花园城市的代表。通常来说，这些地区成为大柏林内部郊区化的第一个阶段的关键标志。

除了这些私人开发活动以外，当时帝国政府的内政部也启动了一个项目，即“花园城市斯塔根（Staaken）”项目（1913–1917）。项目一开始就明确提出要实现这个时期的一个战略性社会目标：在战争开始前不久，项目将按照通常是给富人的城市建设标准，为军火工业的熟练技术工人建造居住区。当时德国最有名的传统建筑师和城市设计者之一——保罗·施密特汉纳（Paul Schmitthenner）——参考德国南部城镇的形式为这个工厂工人的居住区制定了规划方案，居住区内部还布置了包括市场和教堂等设施。“花园城市斯塔根”算得上是大柏林区域此类开发项目当中的优秀案例。

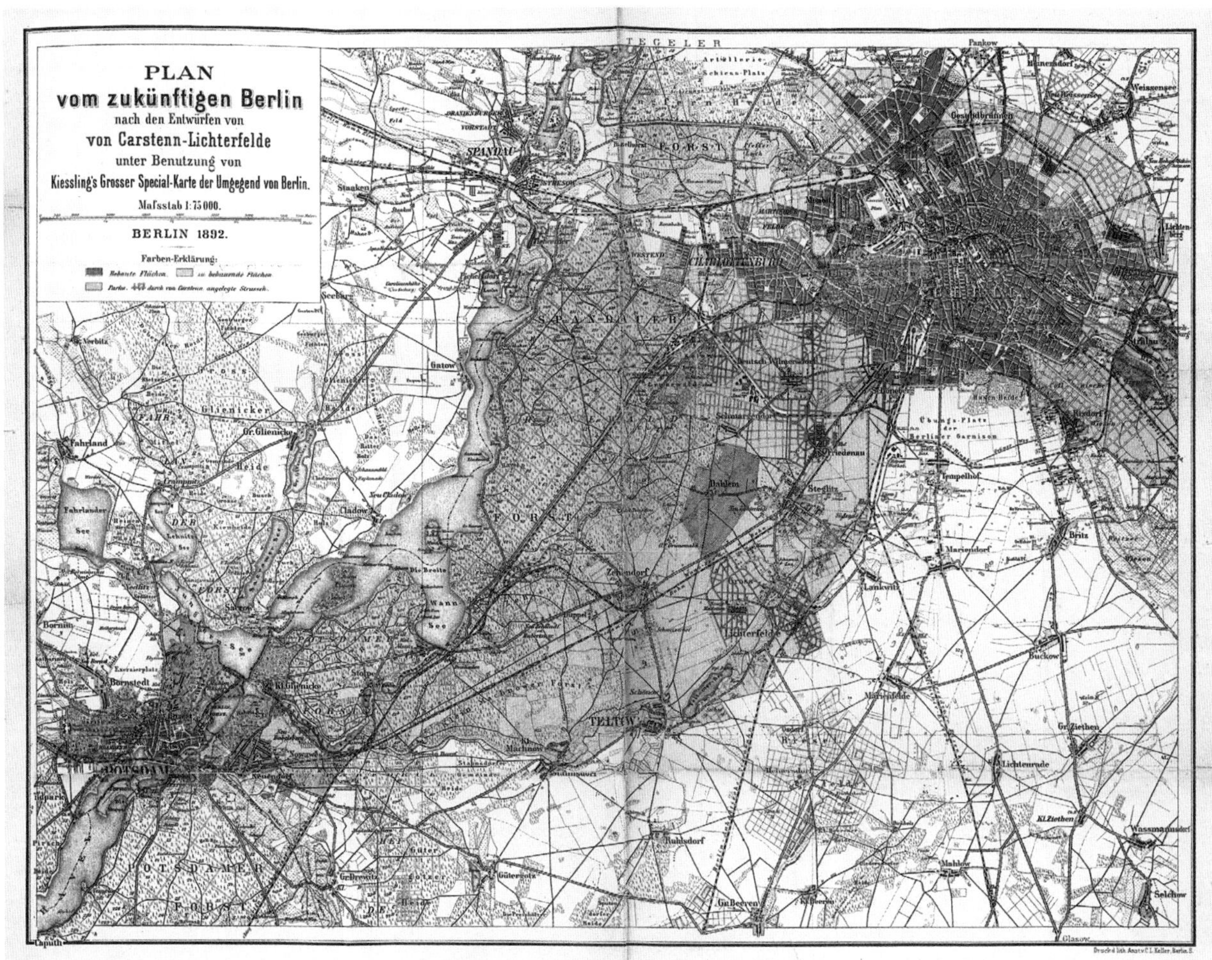

第43页

柏林与波茨坦之间“花园都市区”的开发设想，约翰·安东·威廉·冯·卡斯滕的里希特菲尔德（Johann Anton Wilhelm von Carstenn-Lichterfelde），1892年。

Source: Carstenn-Lichterfelde, Johann Anton Wilhelm von: Die zukünftige Entwicklung Berlins, Berlin 1892

第44页
1911年位于火车站周边的弗略瑙中心区。

Source: Die Gartenstadt Frohnau in alten Fotografien, Berlin 1981

第45页
1913年“花园城市”弗略瑙的地块划分平面，只有部分建成。

Source: Gartenstadt Frohnau, advertisement, Berlin 1913

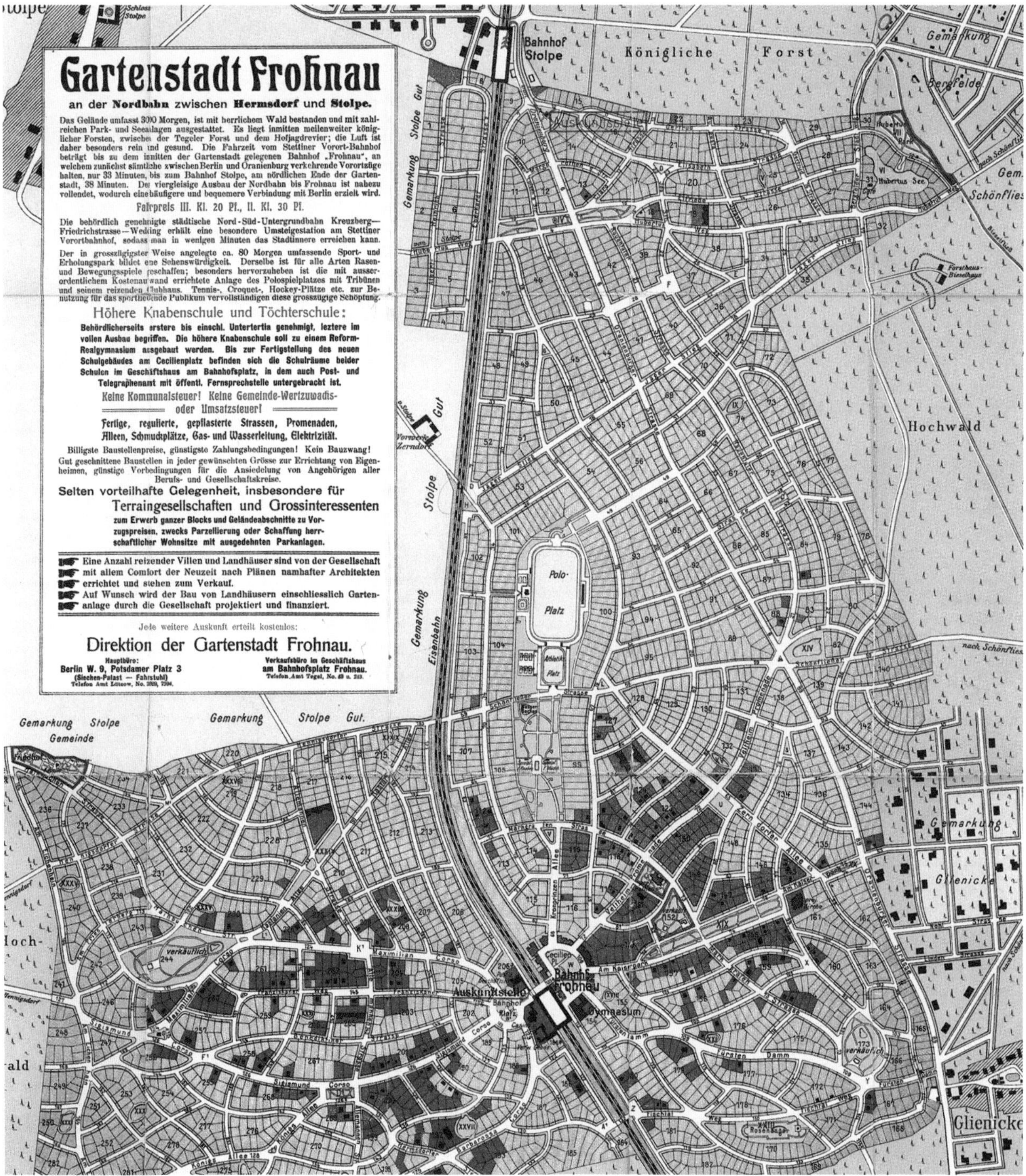

Gartenstadt Frohnau

an der **Nordbahn** zwischen **Hermsdorf** und **Stolpe.**

Das Gelände umfasst 3000 Morgen, ist mit herrlichem Wald bestanden und mit zahlreichen Park- und Seeanlagen ausgestattet. Es liegt inmitten meilenweiter königlicher Forsten, zwischen der Tegeler Forst und dem Hofjagdrevier; die Luft ist daher besonders rein und gesund. Die Fahrzeit vom Stettiner Vorort-Bahnhof beträgt bis zu dem inmitten der Gartenstadt gelegenen Bahnhof „Frohnau“, an welchem zunächst sämtliche zwischen Berlin und Oranienburg verkehrende Vorortzüge halten, nur 33 Minuten, bis zum Bahnhof Stolpe, am nördlichen Ende der Gartenstadt, 38 Minuten. Der viergleisige Ausbau der Nordbahn bis Frohnau ist nahezu vollendet, wodurch eine häufigere und bequemere Verbindung mit Berlin erzielt wird.

Fahrpreis III. Kl. 20 Pf., II. Kl. 30 Pf.

Die behördlich genehmigte städtische Nord-Süd-Untergrundbahn Kreuzberg—Friedrichstrasse—Wedding erhält eine besondere Umsteigestation am Stettiner Vorortbahnhof, sodass man in wenigen Minuten das Stadtinnere erreichen kann.

Der in grosszügigster Weise angelegte ca. 80 Morgen umfassende Sport- und Erholungspark bildet eine Sehenswürdigkeit. Derselbe ist für alle Arten Rasen- und Bewegungsspiele geschaffen; besonders hervorzuheben ist die mit ausserordentlichem Kostenaufwand errichtete Anlage des Polospielplatzes mit Tribünen und seinem reizenden Clubhaus. Tennis-, Croquet-, Hockey-Plätze etc. zur Benutzung für das sportliebende Publikum vervollständigen diese grosszügige Schöpfung.

Höhere Knabenschule und Töchterschule:

Behördlicherseits erstere bis einschl. Untertertia genehmigt, leztere im vollen Ausbau begriffen. Die höhere Knabenschule soll zu einem Reform-Realgymnasium ausgebaut werden. Bis zur Fertigstellung des neuen Schulgebäudes am Cecilienplatz befinden sich die Schulräume beider Schulen im Geschäftshaus am Bahnhofsplatz, in dem auch Post- und Telegraphenamt mit öffentl. Fernsprechstelle untergebracht ist.

Keine Kommunalsteuer! Keine Gemeinde-Wertzuwachs- oder Umsatzsteuer!

Fertige, regulierte, gepflasterte Strassen, Promenaden, Alleen, Schmuckplätze, Gas- und Wasserleitung, Elektrizität.

Billigste Baustellenpreise, günstigste Zahlungsbedingungen! Kein Bauzwang!

Gut geschnittene Baustellen in jeder gewünschten Grösse zur Errichtung von Eigenheimen, günstige Vorbedingungen für die Ansiedelung von Angehörigen aller Berufs- und Gesellschaftskreise.

Selten vorteilhafte Gelegenheit, insbesondere für

Terraingesellschaften und Grossinteressenten

zum Erwerb ganzer Blocks und Geländeabschnitte zu Vorzugspreisen, zwecks Parzellierung oder Schaffung herrschaftlicher Wohnsitze mit ausgedehnten Parkanlagen.

☛ Eine Anzahl reizender Villen und Landhäuser sind von der Gesellschaft
☛ mit allem Comfort der Neuzeit nach Plänen namhafter Architekten
☛ errichtet und stehen zum Verkauf.
☛ Auf Wunsch wird der Bau von Landhäusern einschliesslich Garten-
☛ anlage durch die Gesellschaft projektiert und finanziert.

Jede weitere Auskunft erteilt kostenlos:

Direktion der Gartenstadt Frohnau.

Hauptbüro:
Berlin W. 9, Potsdamer Platz 3
(Siechen-Palast — Fahrstuhl)
Telefon Amt Lützow, No. [illegible]

Verkaufsbüro im Geschäftshaus
am Bahnhofsplatz Frohnau.
Telefon Amt Tegel, No. [illegible]

第46页
“花园城市”斯塔根，设计者：Paul Schmitthenner，约1917年。

Source: Die Gartenstadt Staaken von Paul Schmitthenner, Berlin 1917, p. 17

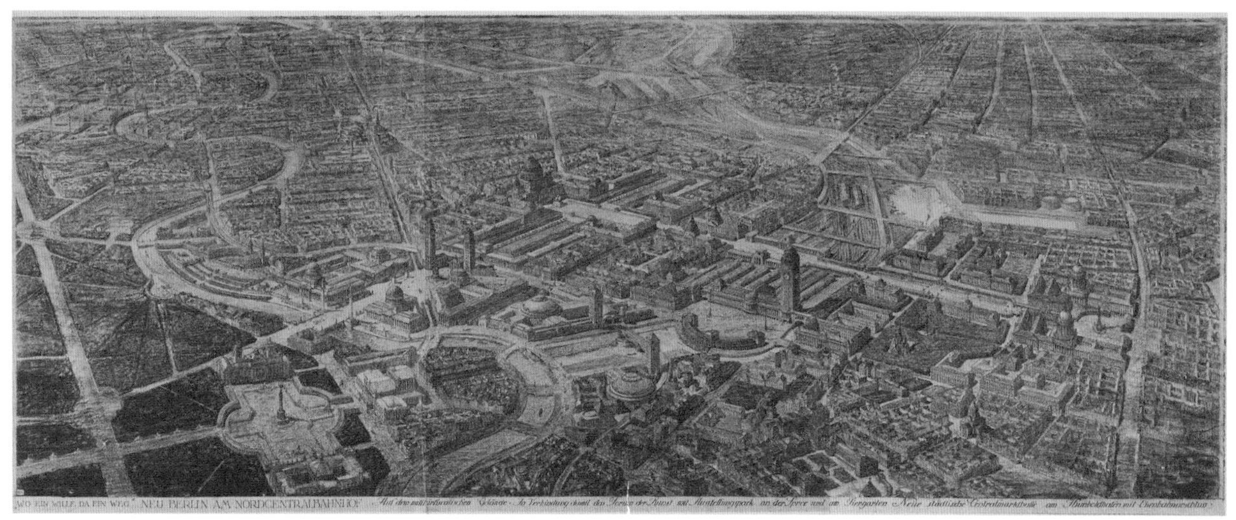

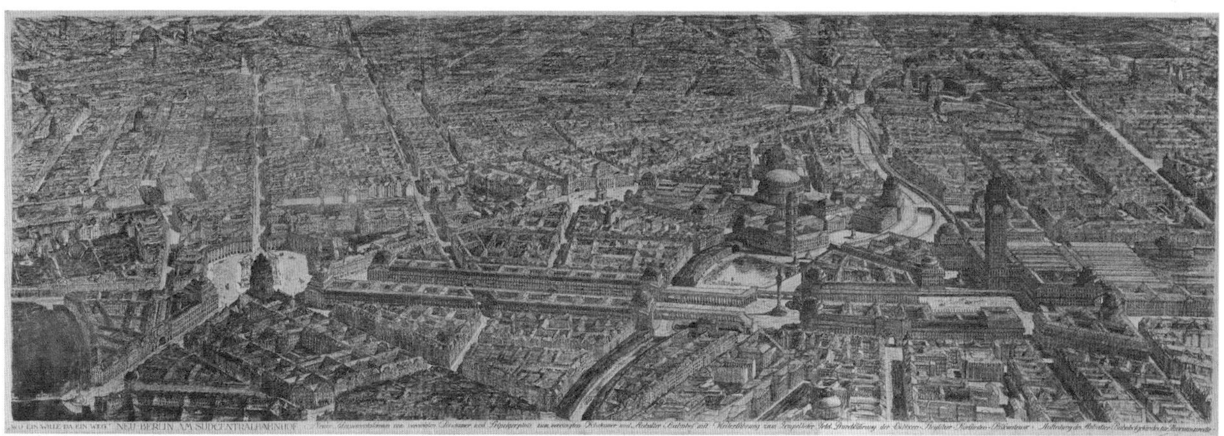

第47页

布鲁诺·施密茨（Bruno Schmitz）提出将城市中心扩展到西北部（上图）和西南部（下图）的提议，“1908-1910年的大柏林竞赛”的参赛作品，未实施。

Source: Architecture Museum of the Technical University Berlin, Inv. No. 8008, 8009

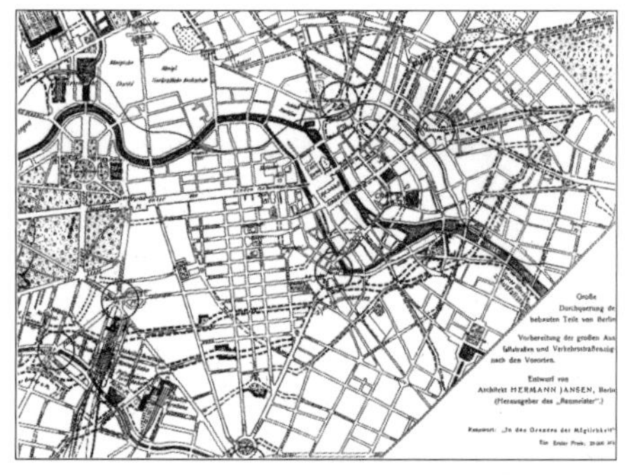

第48页
海尔曼·延森提出的城市中心新街道开发方案，“1908-1910年的大柏林竞赛”的参赛作品，未实施。

Source: Architecture Museum of the Technical University Berlin, Inv. No. 20538

第49页
约瑟夫·布里克斯（Joseph Brix）和菲利克斯·戈茨迈尔（Felix Genzmer）提出的开放空间规划方案，“1908-1910年的大柏林竞赛”的参赛作品，未实施。

Source: Architecture Museum of the Technical University Berlin, Inv. No. 20122.

2.3 大柏林设计竞赛（1908-1910年）

1908年，柏林两大建筑协会，柏林建筑师联合会（Vereinigung Berliner Architekten）和柏林建筑师同业协会（Architektenverein zu Berlin），共同发起了一场“大柏林”的规划设计竞赛。竞赛结果在“1910年柏林城市设计展”期间向公众展出，本次展览由著名的维尔纳·黑格曼组织，他算得上是能够联系美国和欧洲城市设计学界的“协调人”。

竞赛的目标是希望为整个快速扩张的都市区引入新的秩序。人们希望重新塑造城市中心，使其具有纪念性的特征；布鲁诺·施米茨（Bruno Schmitz）的方案能够十分充分地体现这一点。除了竞赛第一名获得者海尔曼·延森（Hermann Jansen）以外，好几个参赛方案都提出在历史中心地区引入若干条新的大道，帮助其转变为商业中心区，这种做法同时还可以起到缓解交通流量的作用。方案还提出要发展新的开发方式，用于替代密集建设的“租屋兵营”。海尔曼·延森特别提出希望能够控制新开发居住区街块的进深，由此来尽可能减少后院的形成。除此以外，延森等参赛方案还提出希望要避免兴建那种尽端式的火车站（尽端式的火车站指的是火车到达站点之后需要反方向才能开出的车站类型，译者注）。在针对郊区开发的设计草图中，除了规划专门服务于资产阶级的花园郊区之外，也考虑安排第一批较为简朴的小规模房地产项目。受到美国模式（尤其是芝加哥和波士顿等地项目）的影响，人们也开始着手对整个都市区的开放空间进行规划。

然而，大柏林设计竞赛中制定的规划方案没有一个最终成为现实。为了解决柏林在城市规划方面的混乱问题，成立了旨在协调基础设施项目的“大柏林规划协作机构（Greater Berlin Zweckverband）”（属于跨行政部门的合作机关，译者注），致力于处理横跨柏林许多不同地区的交通和绿化空间发展问题。直到第一次世界大战结束之后的1920年，整个柏林地区才最终被合并成为一个独立的城市，其边界与今天的柏林基本一致。

Schildow
Glienicke
Hermsdorf
Lübars
Buch
Schwanebeck
Franz. Buch
Karow
Blankenburg
Lindenberg
Rosenthal
Wittenau
Tegel
Niederschönhausen
Pankow
Reinickendorf
Weissensee
Hohen Schönhsn.
Marzahn
Falkenberg
Lichtenberg
Friedrichsfelde
Biesdorf
Charlottenburg
Schmargendorf
Tempelhof
Steglitz
Zehlendorf
Gross Lichterfelde
Mariendorf
Britz
Lankwitz
Buckow
Rudow
Alt Glienicke
Adlershof
Marienfelde
Lichtenrade
Gr. Ziethen
Bohnsdorf
Schönefeld
Kl. Ziethen
Kl. Machnow
Teltow
Stahnsdorf
Heinersdorf
Ruhlsdorf
Güterfelde

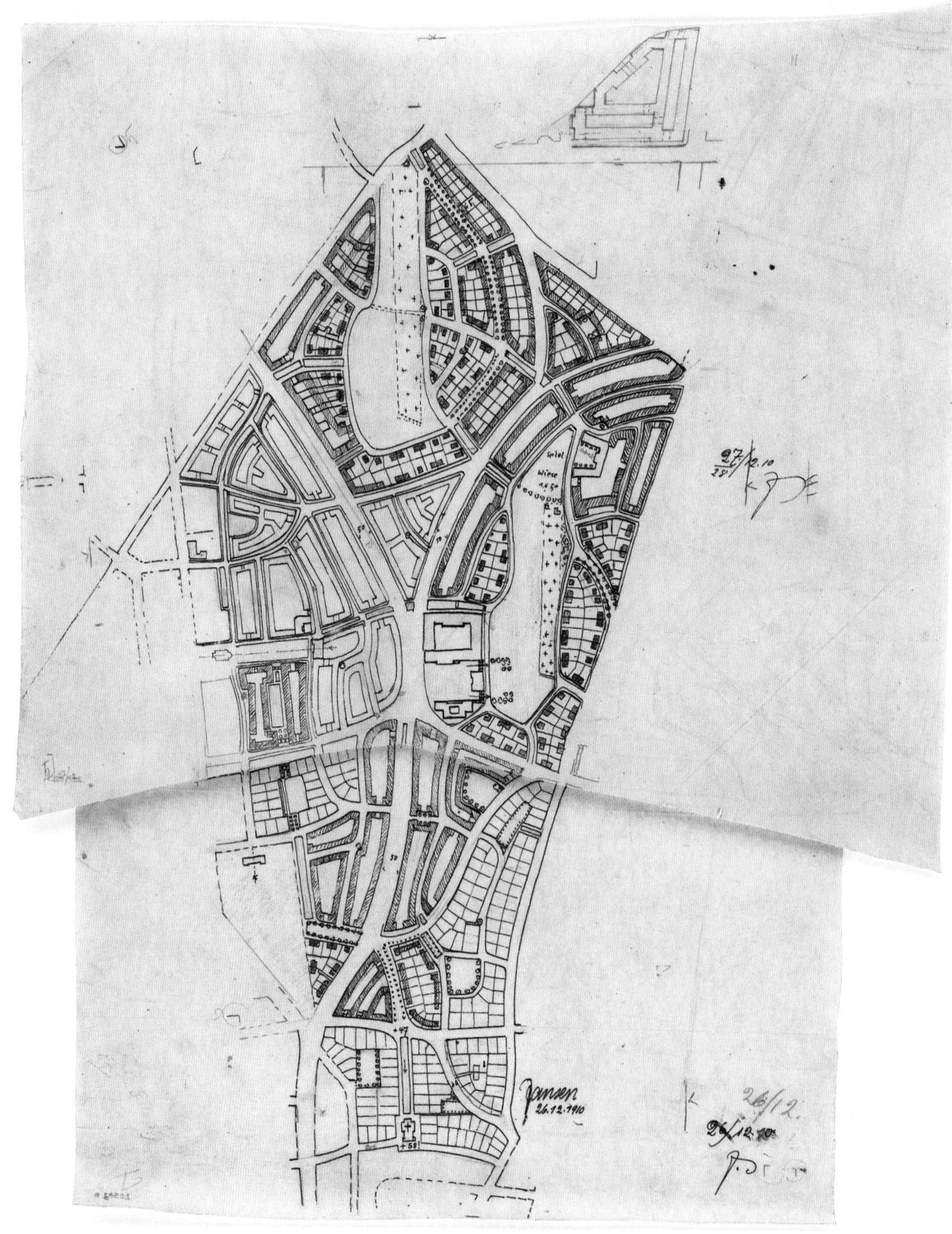

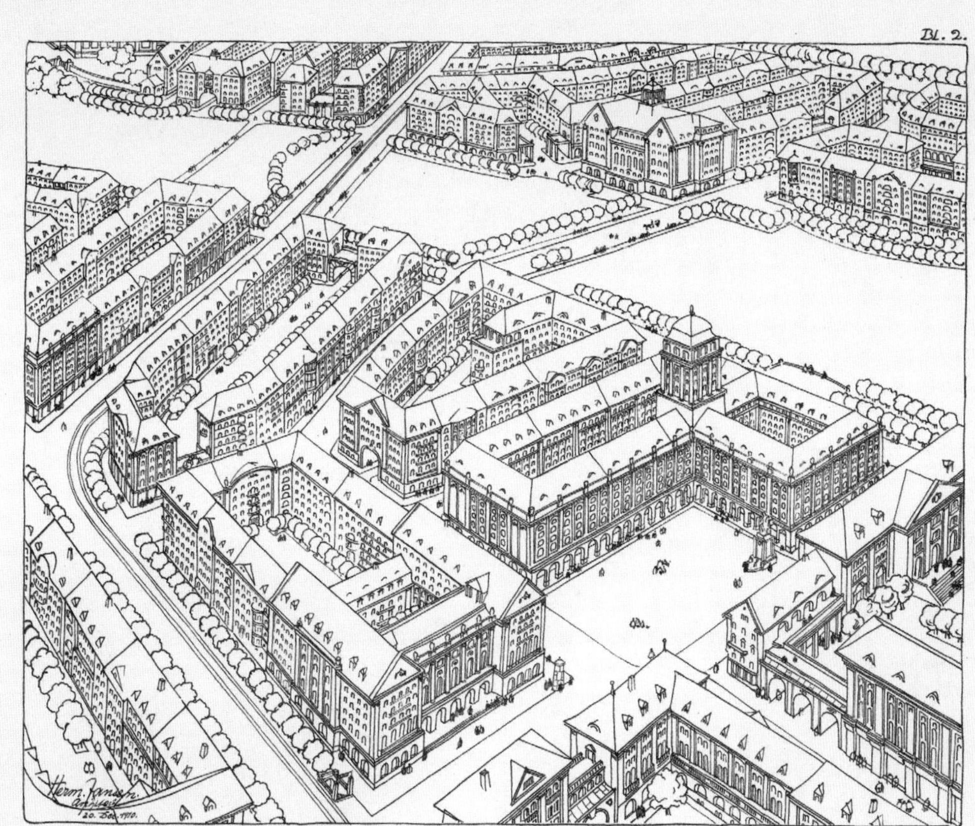

Bl. 2.
TEMPELHOFER FELD. Geschlossener Architekturplatz mit Ausblick auf den Erholungsplatz (bis zu 180 m. breiter Parkgürtel). Auf diesen münden die einzelnen, zwecks Durchlüftung durch Torbauten geöffneten langen Baublocks mit ihren Kopfseiten.
Im Vordergrunde liegt die große Hauptstr., in der sich die 2 Diagonalstr. vereinigen.
Architekt Herm. Jansen, Berlin, 20 Dez. 1910.

51页

针对“滕珀尔霍夫菲尔德”地区（Tempelhofer Feld）的城市住宅建筑改造问题，海尔曼·延森提出的方案，“1908–1910年的大柏林竞赛”的参赛作品，未实施。

Source: Architecture Museum of the Technical University Berlin, Inv. No. 20563

第50页

1910年海尔曼·延森关于舒内贝格南部地区的开发提议，未实施。

Source: Architecture Museum of the Technical University Berlin, Inv. No. 20582

Gemarkung Schmargendorf
Gemarkung Dtsch. Wilmersdorf
Rheinbaben Allee
Podbielski Allee
Bhf. Rastatter-Pl.
Untergrundbahn
Kaiser Wilhelm-Pl.
Cecilien Allee
Biologische Anstalt
Königin-Luise Stift
Gemarkung Steglitz
Gemarkung Steglitz
Grunewald Forst
Gemarkung Forst
Königin Luise Str.
Höhere Mädchenschule
Alter Friedhof
Kirche
Gymnasium
Königl. Gärtner-Lehranstalt
Königlicher Botanischer Garten
Bhf.
Kronprinzen Allee
Potsdamer Chaussee
Gemarkung Gr. Lichterfelde
Bhf. Botan. Garten
Wannseebahn
Einschnittsbahn
Bhf. Gr. Lichterfelde-W.
Gemarkung Zehlendorf
1:4000
100 0 100 300 500m
ÜBERSICHTSKARTE
ZUM
BEBAUUNGS-PLAN
DER
KÖNIGLICHEN DOMÄNE DAHLEM
Für den neuen Teil:
Berlin W.35, den 12. Mai 1911.
Hermann Jansen

第53页
海尔曼·延森在1910年的城市规划展中提出了国王属地达勒姆（Königliche Domäne Dahlem）地区的开发规划，未实施。

Source: Architecture Museum of the Technical University Berlin, Inv. No. 20577.

第52页
阿尔伯特·盖斯内（Albert Gessner）提出了追求在整个大都市区实现合理规划的愿景，“1908-1910年的大柏林竞赛”的参赛作品，未实施。

Source: Architecture Museum of the Technical University Berlin, Inv. No. 8014

第 3 章　通向全新柏林的道路

从第一次世界大战到1970年代这段时间，随着各种政治巨变和冲突，柏林经历了彻底的现代化过程，代价是从紧凑的“老柏林”变成了“新柏林”，这是一种依靠机动化交通发展起来的郊区化居住景观，各种现代化的建筑为了服务中产阶级而建造起来。

3.1　魏玛共和国时期（1918-1932年）

第一次世界大战给柏林的城市发展造成了严重的影响。德意志帝国的“帝国都城”变成了魏玛共和国的首都。大柏林地区城市内外的快速增长戛然而止。从城市发展的角度看，所谓的“20年代的黄金时期”并不景气。为资产阶级（布尔乔亚）、中产阶级群体兴建那些具有城市联排住宅的做法已经被完全抛弃。

在1920年成立大柏林行政区以后，城市就将资源都集中在建造新的郊区居住区上面。而与此同时，各种致力于彻底对城市中心进行现代化的尝试都还处于起步阶段。

在一战结束到希特勒掌权之间这段短暂的时期，国际上形成了解决城市内部租屋问题的共识：在郊区规划建设一批社会住

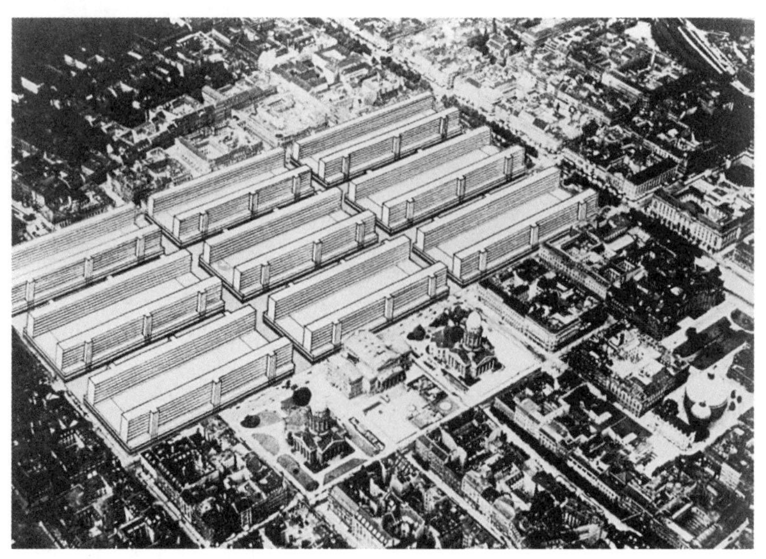

第54页
路德维希·希尔伯施默在1928年提出对城市中心进行现代化的提议，未实施。

Source: Rassegna 27 / 1986, p. 40

宅。这些成果当中包括一部分世界著名的居民区，例如由布鲁诺·陶特（Bruno Taut）和马丁·瓦格纳（Martin Wagner）所设计，位于布里茨（Britz）的“马蹄铁形居住区”（Hufeisensiedlung）（建于1925–1930年）。不过这些居民区并不是纯粹的住宅开发项目——它们内部也包括小规模的服务中心，虽然大部分里面的设施只能提供最低标准的基本服务。本质上，这些服务中心往往只是具有象征性意义，不过“马蹄铁形住宅区”社区中心的情况比较特别。建筑师在这片居住区当中对公共空间进行了精心的设计，从而使人能够明确地识别出居住区的内外边界，另外居民也可以通过地铁系统很方便地前往市中心。居住区内部公寓的大小和内部设计都差不多，这意味着这个居住区主要是服务于某一部分社会群体：低收入的中产阶级、雇员和境况较好的工人阶级。从结果来看，最初希望为柏林大多数缺乏专业技能的工人阶级提供替代以前那种租屋住宅区的目标并没有实现；新开发住宅的租金较高，让这些阶层的居民望而却步；不过从另一方面来看，设计方案中所提供的公寓类型范围较为单一，从而很明显表达出希望创造出某种追求社会平等的意向。事实上，这一做法恰恰体现了人们希望通过城市设计来解决社会分化中所存在的问题：利用郊区的空间实现社会阶层之间的大规模分离。

除了柏林以外，德绍、法兰克福和汉堡也根据“现代建筑”的要求开始居住区的建设活动，德国成为郊区社会住宅开发项目中参考的典范，从城市发展的质量来看，这些项目的水准要远高于大多数二战以后实施的社会住宅项目。不过1920年代的这些开发也需要特定的条件：与二战后开发的社会住宅项目一样，它们都要依靠政府的补贴。此外，这些项目的开发主体也比较特别：必须依赖那些非营利性质的住房开发合作社等各种机构，只有通过它们的蓬勃发展才能够实现。尽管这些在“新建筑”运动中开发的居住区不断被人们刊登出来，但是1920年代那些面积较小、布局更加紧凑、具有传统建筑风格的住宅本身在后来还是被人们彻底遗忘了。

不过人们也必须承认，这些居住区很少能够达到维也纳那种大院式社区或者是1920年代罗马公寓建筑的表现力或质量。魏玛共和国时期是大柏林郊区城市化的第二阶段，住区开发表现出新

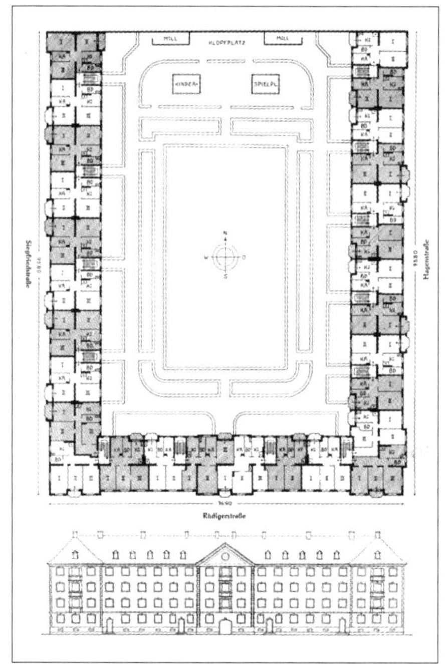

第55页
1925年赫尔姆特·格里斯巴赫（Helmut Grisebach）和海因茨·雷曼（Heinz Rehmann）在里希滕贝格为柏林电车公司设计的传统公寓大楼，首层平面与立面图。

Source: Grisebach, Dr. Ing. Helmuth / Rehmann, Heinz: Unsere Bauten. EA, Berlin 1928, p. 41

第56、57页
布里茨的马蹄铁形居住区（Hufeisensiedlung），根据布鲁诺·陶特和马丁·瓦格纳的设计实施（1925–1930年），摄于2008年。

Photograph: Philipp Meuser

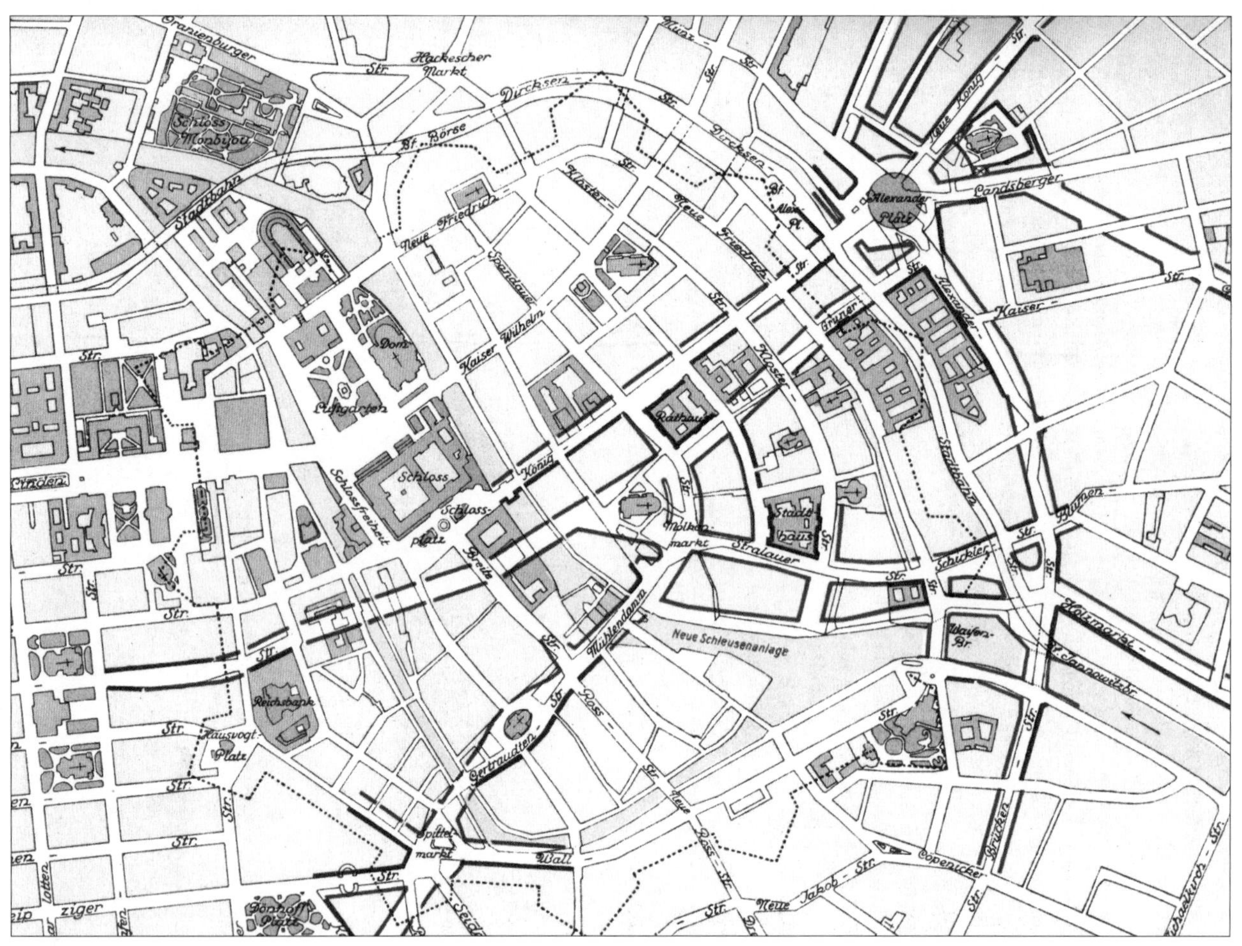

第58页

1930年为了使老城南部适应机动车发展而制定的重建规划，未实施。

Source: Harald Bodenschatz Collection

第59页
1934年重建后的亚历山大广场。

Source: Landesarchiv Berlin, as doc. in: Bodenschatz, Harald (ed.): Renaissance der Mitte, Berlin 2005, p. 183

的特征。从社会角度来看，这个时期的开发标志着郊区的居住区开始向低收入的中产阶级开放。

如果纵览魏玛共和国时期完成的城市设计著作，读者除了能够发现与“新建筑”运动有关的居住区案例以外，还能找到针对城市中心进行彻底现代化的规划方案。对于现代主义城市设计的代言人来说，其目的已经不只是希望把新的道路叠加到那些仍然保持工业化以前特点的城市平面上，而是希望用新的结构创造出一个全新的中心。1929–1933年，路德维希·希尔伯施默（Ludwig Hilberseimer）是德绍包豪斯学校城市规划专业方面的负责人，他在1928年提出为柏林的城市中心创建新的结构，并由此而赢得了广泛的知名度。1926–1933年，柏林的城市总规划师马丁·瓦格纳致力于拆除柏林市中心仅存的一个前工业化时期的大片居住区“费舍尔小区”（Fischerkiez）。然而，他对城市中心的总体规划方案中心仅停留在起步阶段；在1930年代初期，只有亚历山大广场（Alexanderplatz）完成了重建，而且完成的部分也只是工作计划的一半。

3.2 纳粹统治时期（1933-1945年）

1930年代是欧洲的独裁统治时期，这方面的代表就是墨索里尼和希特勒等人。这些独裁者彼此之间在包括建筑和城市设计等各个方面相互竞争。他们都为自己首都的城市更新制定了分期实施的规划方案。柏林的那些代表纳粹的当权者采取的做法是放弃他们继承的整个城市中心，在现有中心的西侧沿着一条纪念性的南北轴线规划一个新中心。墨索里尼的规划方案与希特勒的不同，他在现有城市中心传统布局的基础上，对首都的城市中心进行彻底的重建。

纳粹的“新柏林”设计方案主要是分别沿着南北向和东西向的两条大轴线进行了重新设计。规划方案由希特勒的建筑师阿尔伯特·施佩尔（Albert Speer）负责，方案的出发点是满足纳粹希望在城市中兴建巨型建筑的要求，用于安置各种政府和工业职能；与此同时，他们认为现有的城市中心无法提供容纳这些新建筑的场地，交通方面也达不到要求。位于波茨坦广场（Potsdamer Platz）和阿斯坎尼施广场（Askanischer Platz）的两个“多余的”车站预计会被位于南北轴线上两个新的中央火车站所取代，通过这些举措，整个城市中心的重心将整个向西移动。在阿尔伯特·施佩尔制定的这个以南北向轴线为基础的纪念性规划基本还停留在图纸上的阶段时，犹太市民们就已经开始被纳粹从自己的家中驱赶出来，他们的公寓将用于安置那些在为了建设轴线而被迫拆迁的德国居民。

纳粹虽然对柏林的历史中心，尤其是老柏林的南部进行了彻底的重建，但是原先东西向轴线的规划却从未开始建设。如今保留下来的少数大型建筑仍能让人们想起独裁时期，包括“帝国银行”（如今用作外交部大楼）和“航空局”（现在属于财政部大楼）。其他幸存的重要建筑还包括滕珀尔霍夫（Tempelhof）机场和位于菲尔柏林广场（Fehrbelliner Platz）的行政中心。

相比之下，纳粹实施的住房项目倒是在柏林留下了明显的痕迹。依靠政府补贴运营的非营利住房机构在今天仍在继续运作，不过已经通过合并成为一个大型机构。纳粹虽然在格拉茨堤（Grazer Damm）等地开发了大规模的住房项目，但是这些项目

第61页
1941/1942年规划的南北轴线模型，未实施。

Source: Shusev State Museum of Architecture (MUAR), Moscow

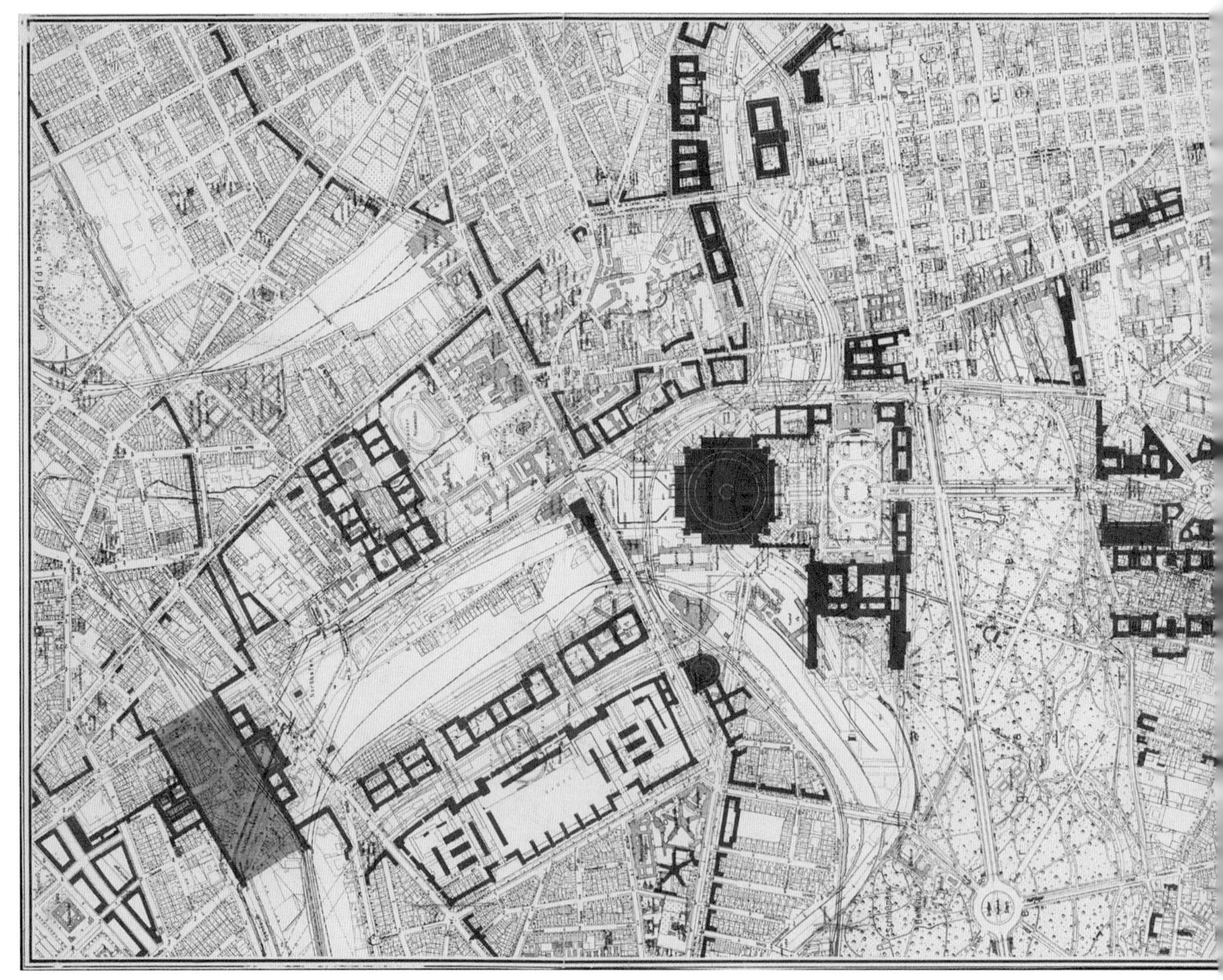

第62、63页

阿尔伯特·施佩尔在1940年左右规划的南北轴线，未实施。

Source: Estate of Rudolf Wolters, as doc. in: AIV(Hg.): Berlin und seine Bauten. Part I: Städtebau, Berlin 2009, p.183

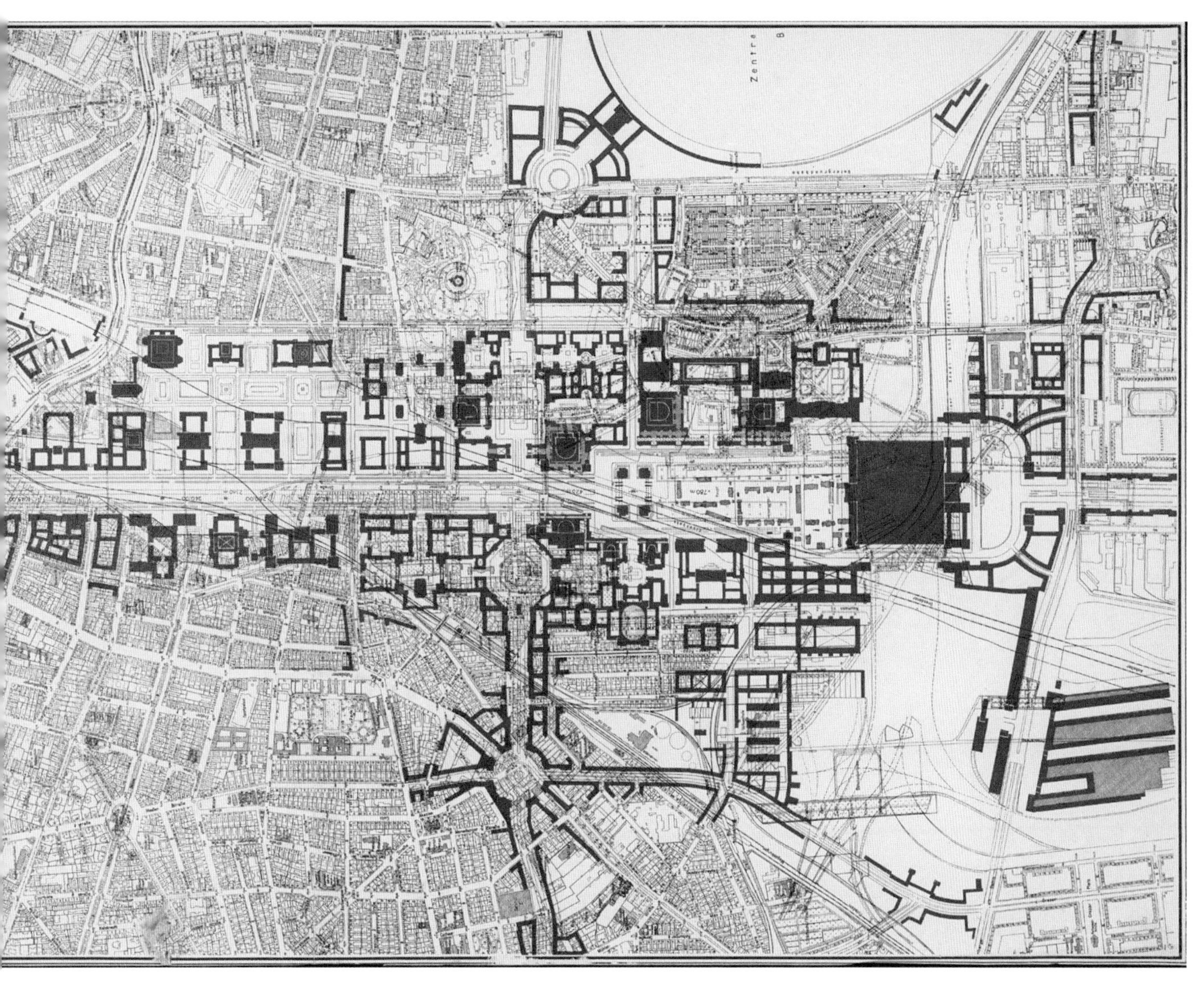

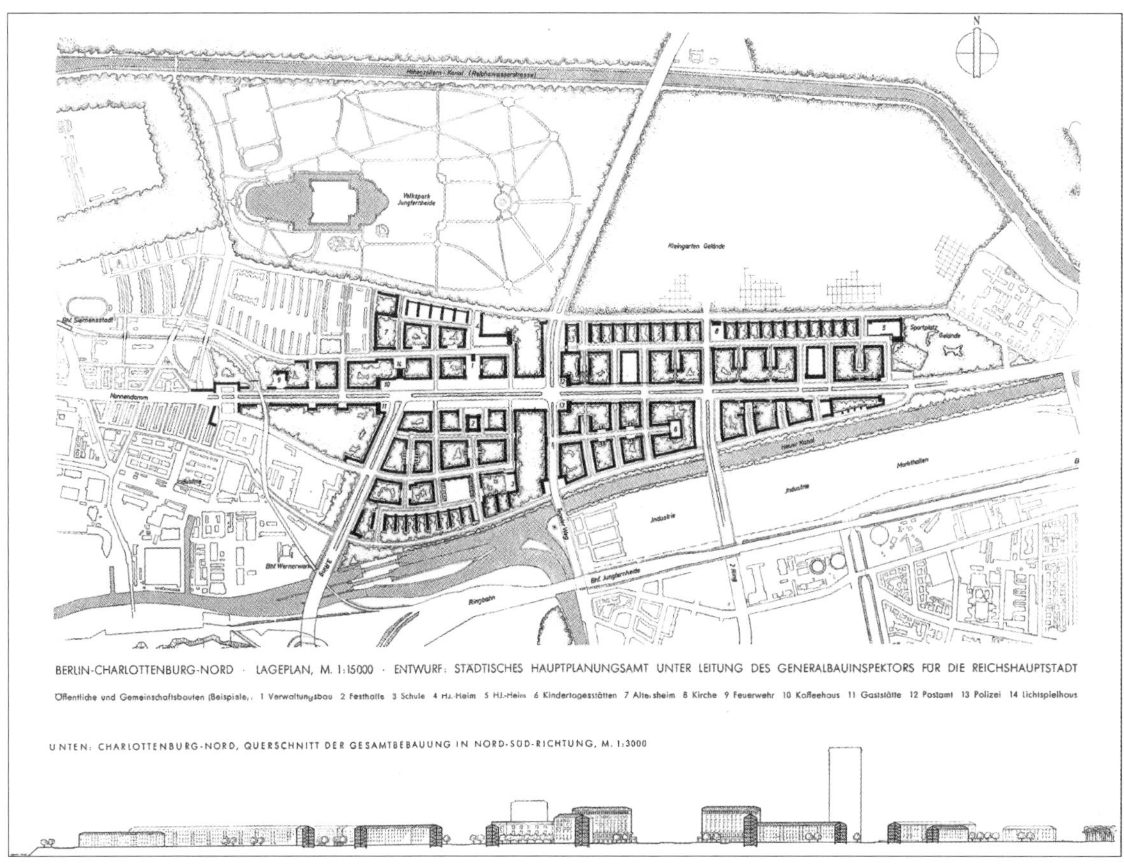

Ringbahn
Bhf. Jungfernheide
BERLIN-CHARLOTTENBURG-NORD · LAGEPLAN, M. 1:15000 · ENTWURF: STÄDTISCHES HAUPTPLANUNGSAMT UNTER LEITUNG DES GENERALBAUINSPEKTORS FÜR DIE REICHSHAUPTSTADT
Öffentliche und Gemeinschaftsbauten (Beispiele): 1 Verwaltungsbau 2 Festhalle 3 Schule 4 HJ.-Heim 5 HJ.-Heim 6 Kindertagesstätten 7 Altersheim 8 Kirche 9 Feuerwehr 10 Kaffeehaus 11 Gaststätte 12 Postamt 13 Polizei 14 Lichtspielhaus
UNTEN: CHARLOTTENBURG-NORD, QUERSCHNITT DER GESAMTBEBAUUNG IN NORD-SÜD-RICHTUNG, M. 1:3000

第64页

1939年在夏洛腾堡北部规划的居住区，未实施。

Source: Die Baukunst, November 1939, as doc. in: AIV (ed.): Berlin und seine Bauten. Part I: Städtebau, Berlin 2009, p. 311

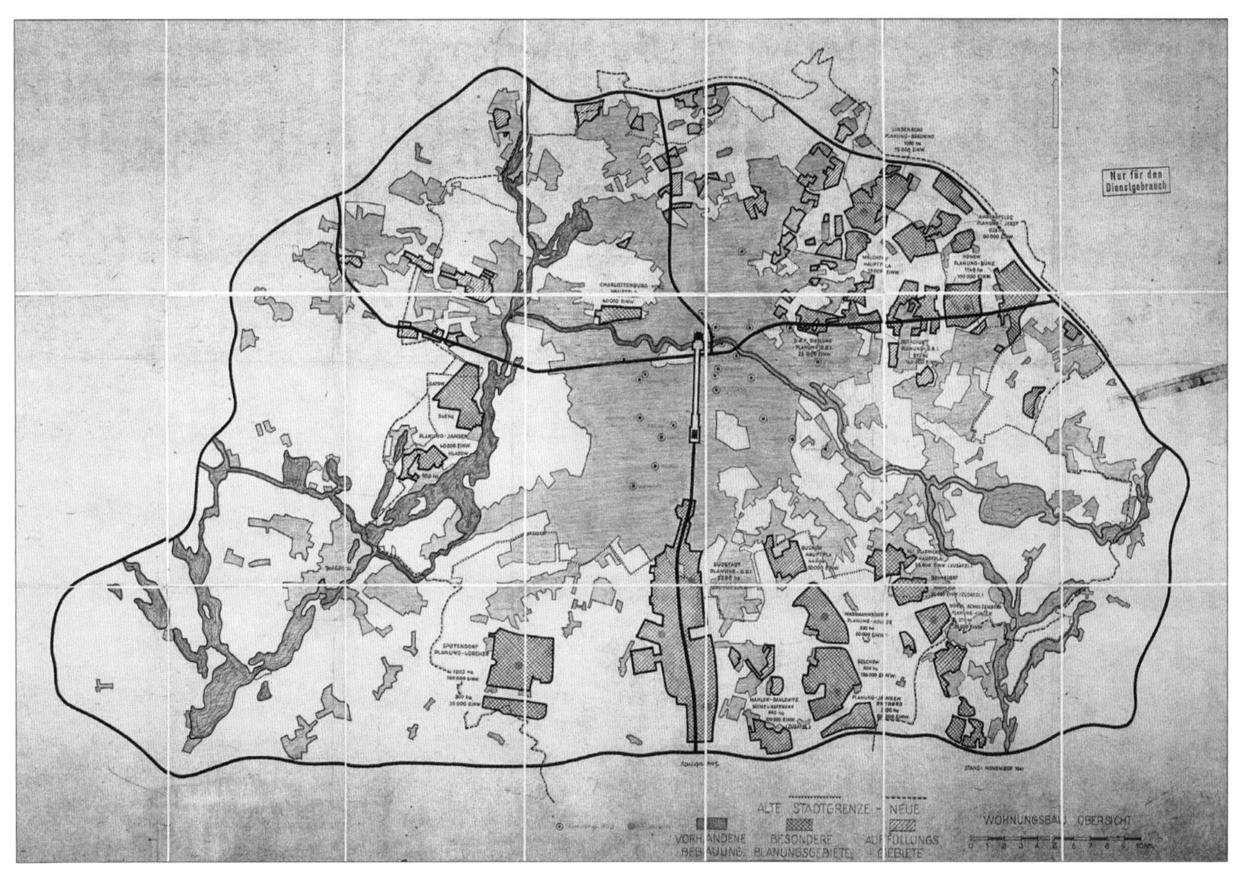

第65页

1941年为规划居住区项目绘制的插图，未实施。

Source: Landesarchiv Berlin, map department, as doc. in: AIV (Hg.): Berlin und seine Bauten. Part I: Städtebau, Berlin 2009, p. 142

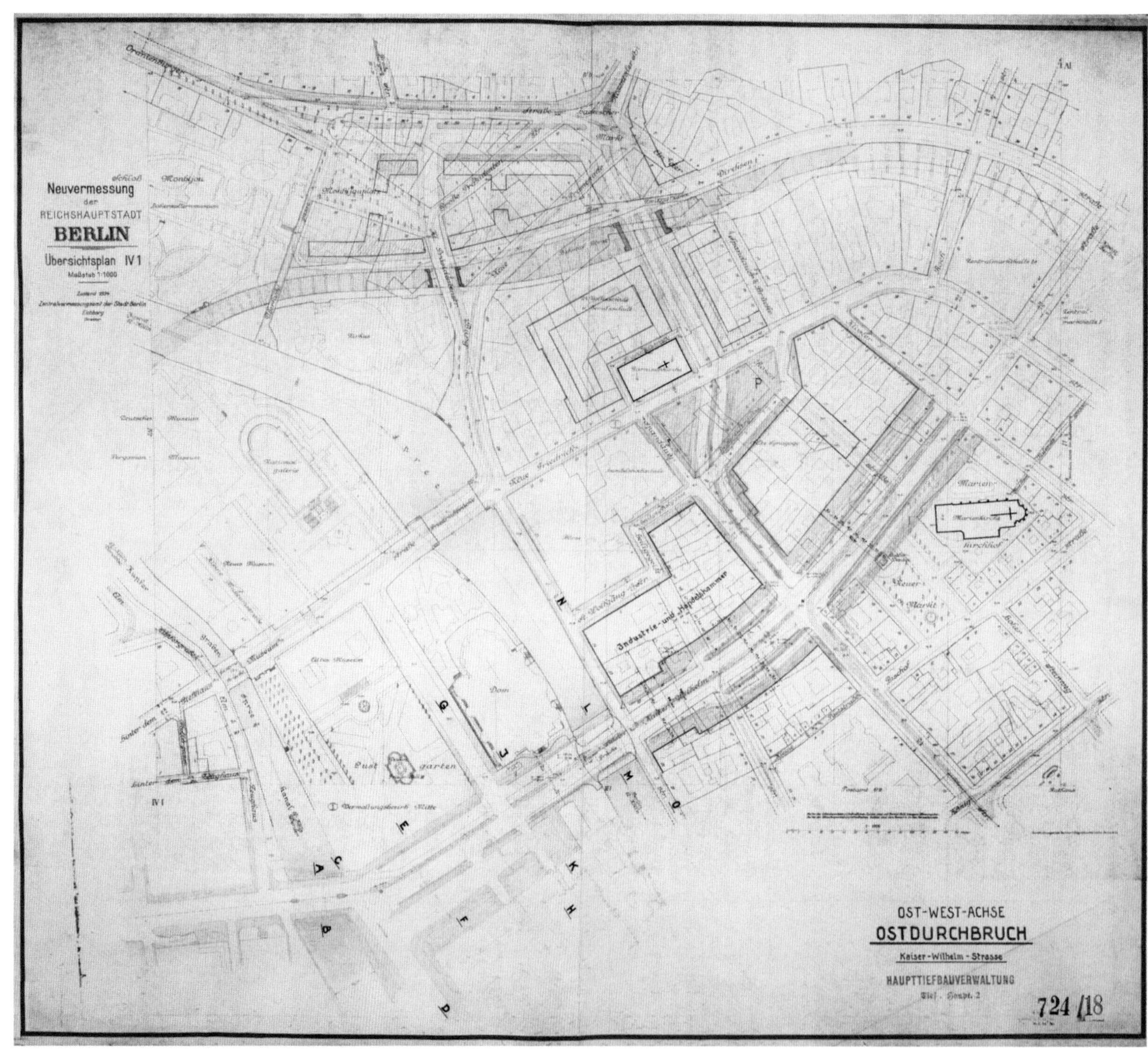

第66页

1938年的东部轴线规划“横穿”了老柏林城区，方案使用了1934年的底图，未实施。在这个时候，西边部分的建设已经开始。规划考虑沿着卡尔·威廉大街（Kaiser–Wilhelm–Straße），在老城北部和城市铁道以北的很多区段、把当时建成只有几十年的建筑都给拆除掉。

Source: Landesarchiv Berlin: Baupläne 1542, page 1

中没有一个能够达到魏玛共和国时期居住区的建造标准。人们在柏林的南部和东北部可以看到这一时期广泛建设的住宅区，但是开发者并不是想在郊区建设，也没有希望追求所谓“回归乡土”的理念。恰恰相反，这些开发都属于城市住宅区大规模开发项目的延续，但施工质量达不到二战爆发以前城市中产阶级的住宅质量。此外，之前规划提出把住宅开发扩展到比如柏林南部（1930年代~1940年代初）或是夏洛腾堡（Charlottenburg）北部的大规模城市扩张计划也从未得到实施。

在1930年代，第一次出现了经过系统规划的城市更新政策。这不仅是为了解决建筑实体方面的问题（比如街块里面过于狭窄的庭院），也是为了消除各种产生负面心理影响的社会要素。城市更新的目标是通过逐步拆除这些“租屋”，实现用新建筑“最终完全替代”老建筑。为此还专门形成了一个技术用语，用来描述最终消除这种廉租屋。

由于纳粹发起的世界大战导致柏林市中心遭到大规模破坏，市中心成为一片废墟，这也就为按照现代主义城市设计的方法实现彻底的战后重建铺平了道路。

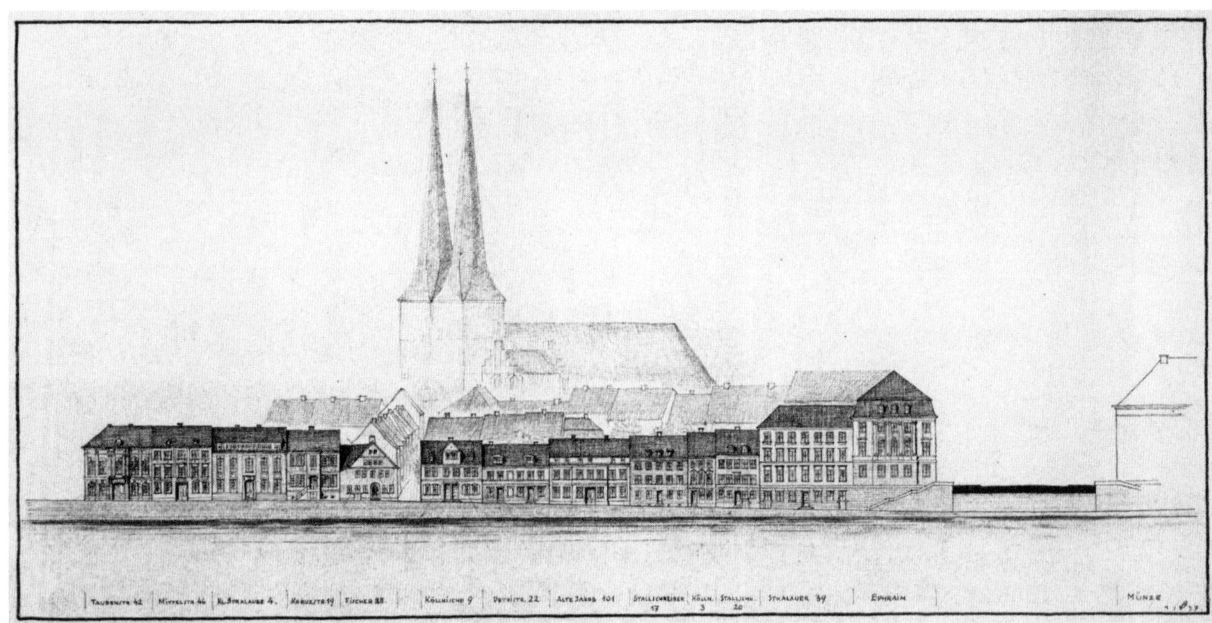

第68页

从尼古拉小区的角度绘制的“建筑博物馆”示意图，1937年，未实施。在示意图的右侧可以看见拓宽以后的穆伦达姆（Mühlendamm）大街和新建的铸币厂大楼。此外，图纸对那些计划重建的历史建筑都在其对应的用地下面做了标记。

Source: Landesarchiv Berlin: Baupläne 684, page 1

第69页

1936年由城市规划部门编制的老城南部的再开发规划。市政厅前规划了一个纪念广场，在罗兰水岸（Rolandsufer）附近集中展示新建筑。

Source: Landesarchiv Berlin: STA Rep. 110, Büro für Städtebau, No. 22

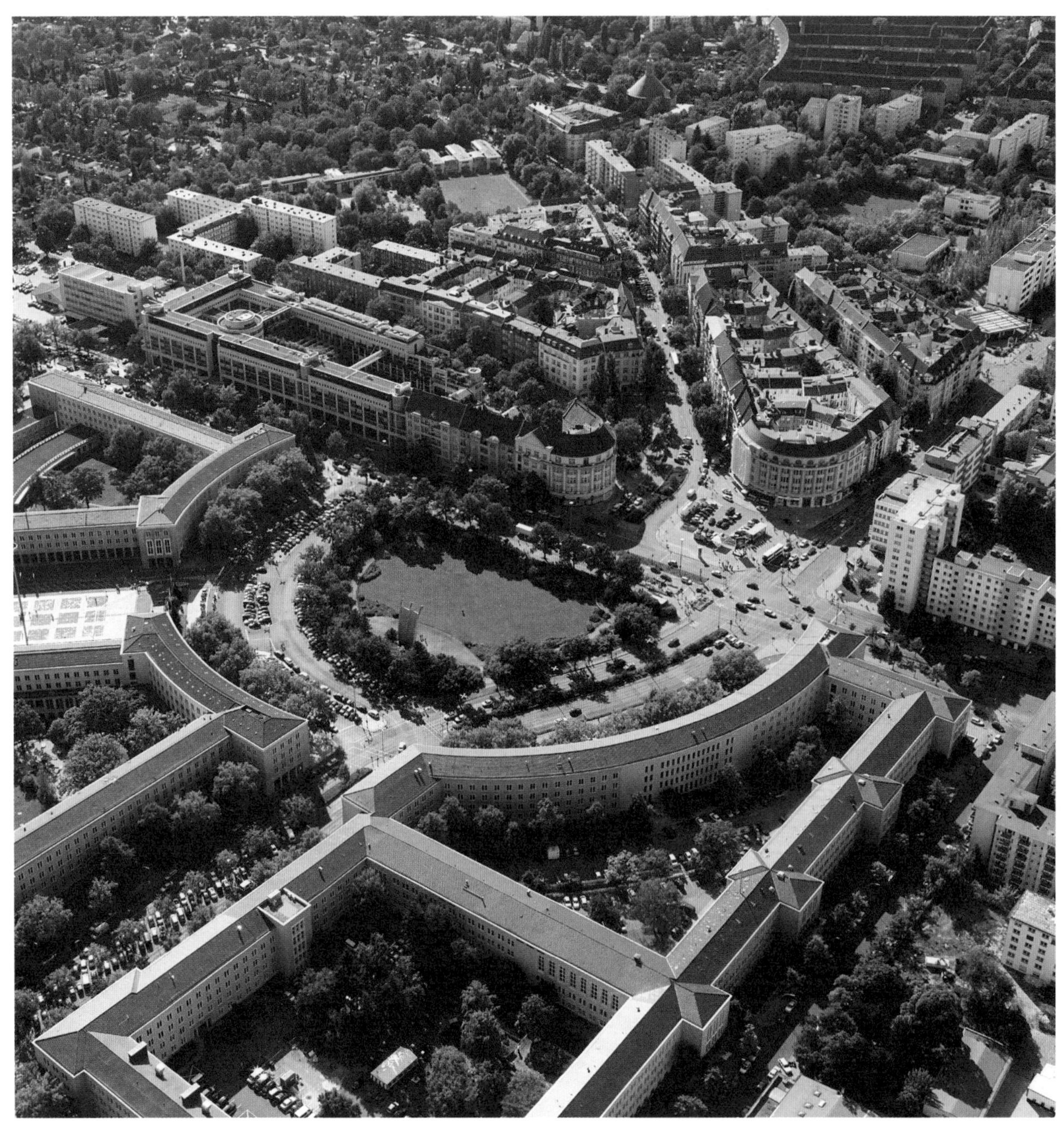

第70页
基于1938~1939年恩斯特·萨戈比尔（Ernst Sagebiel）的城市设计方案完成的“空桥广场”开发，照片摄于2009年。

Photograph: Philipp Meuser

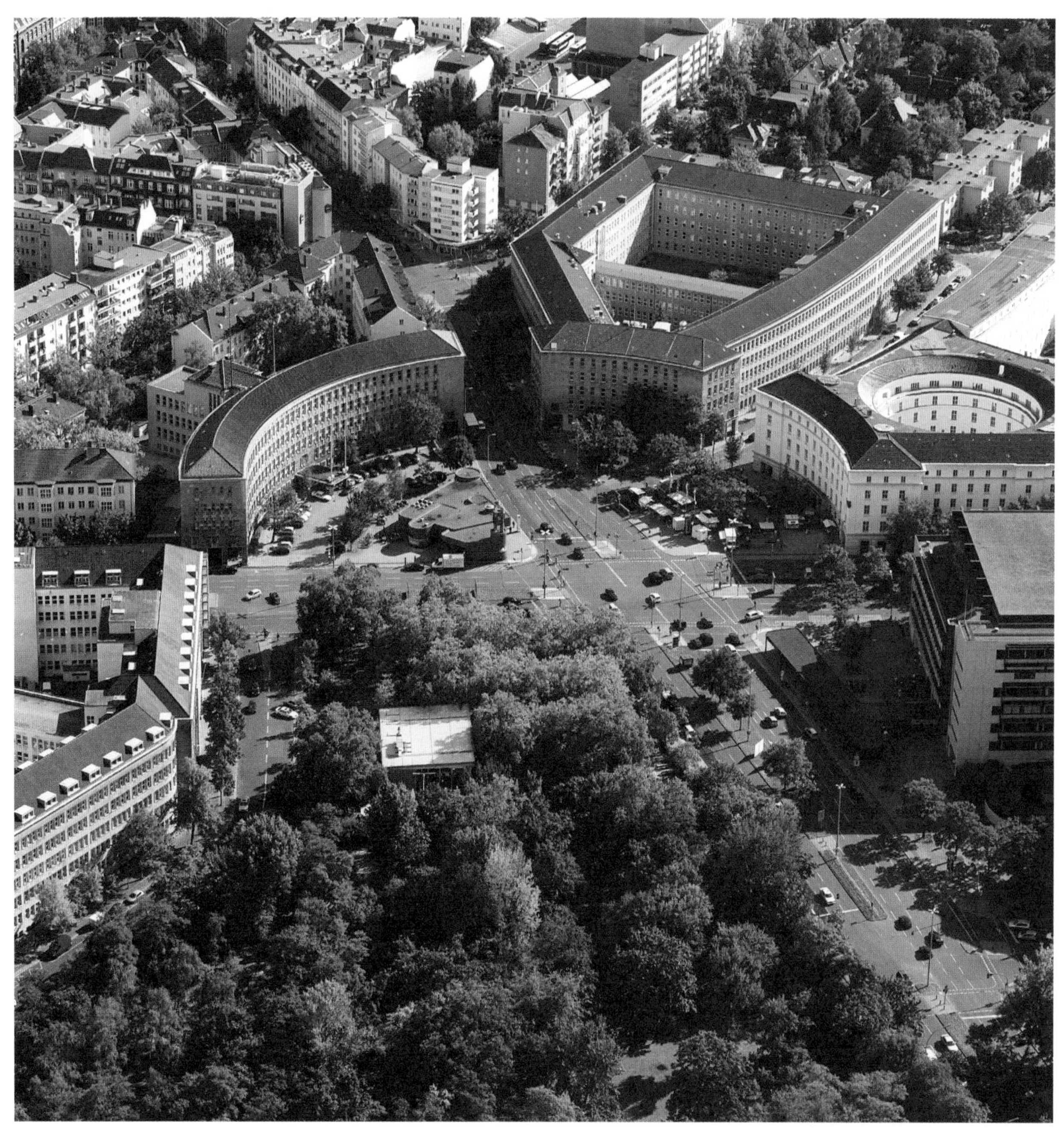

第71页
根据1935年奥拓·菲尔勒（Otto Firle）的城市设计方案实施的菲尔柏林广场（Fehrbelliner Platz）的开发，照片摄于2009年。

Photograph: Philipp Meuser

第72页
在内城地区决定要进行更新的区域以及初步的总体规划，该文件是萨姆（Sahm）市长寄给国务委员里珀特（Lippert）信件的附录，1936年4月19日，未实施。深灰色区域被认为“太过年久失修”，颜色稍深的区域则被认为“建设过于密集”（也因此成为潜在的拆除对象）。

Source: Landesarchiv Berlin, Rep. Pr Br 57, No. 1190, Sheet 49

第73页

分别用英语和德语标示的一系列遭到破坏的柏林市中心明信片：战后的勃兰登堡门、帝国总理府、国会大厦、腓特烈大街和主教堂。

Source: Collection Harald Bodenschatz

DEUTSCHE
ELEKTROTECHNIK
Friedrichsgracht

3.3 冷战之都

二战结束以后，随着被迫分裂为东、西两部分，柏林的国际知名度前所未有地提高。这座分裂的城市成为世界两个超级大国间对抗的焦点，双方的对立在柏林中心达到了面对面的程度。这座城市成为冷战的首都，直到今天人们还把以前位于查理检查站的交界点看作是这种对抗的象征。在城市分裂之后，西柏林成为西方国家展示自己的窗口，东柏林同时也成为东方国家的展示平台，这样城市的两部分之间也出现了相互竞争的关系。东柏林的定位体现了苏联的城市建设模式，而西柏林则代表了美国模式。

东柏林和西柏林都希望比对方更加彻底地实现各自中心的现代化。两边都愿意表现出比对方更有“社会责任感”，为此就努力重塑了城市住房的整个景观。按照它们各自的规划，东西柏林都希望能够更加适应机动车交通的发展，因此对市中心进行了重建。一战结束以后，大柏林地区就往往采用彻底的现代主义设计方案，这种做法在二战后又依靠大量的公共补贴得以延续。出现这一结果除了因为战争造成的巨大破坏以外，这也是拜美苏双方在政治和社会领域相互竞争所赐。

由于1950年代短期实施了斯大林式的城市发展方案，东柏林在一战后开始实施的彻底现代主义重建被迫中断。在这一时期，包括东德首都在内的所有社会主义阵营的城市都参照了1935年编制的莫斯科总体规划方案，每个城市都致力于把自己打造成社会主义的城市中心。莫斯科的总体规划方案里面延续了传统城市中心的布局方式，希望达到“纪念性”的效果。在这一时期，这一做法的代表成果就是斯大林大街（Stalinallee，建于1952–1958年，在1961年后更命名为卡尔·马克思大街，Karl–Marx–Allee），建筑师阿尔多·罗西（Aldo Rossi）对这个大型城市设计项目的建造大加赞扬，把它称为“欧洲最后一个伟大的街道”。除此之外，1950年还重新建造了“菩提树下大街”的东段，笔直的林荫大道充满了纪念性效果，成为二战后德国城市重建的杰出代表。

然而，早在1950年代末，城市规划的方向就已经发生改变。目标很快就变成彻底改变城市中心的原有布局。在这一阶段，大

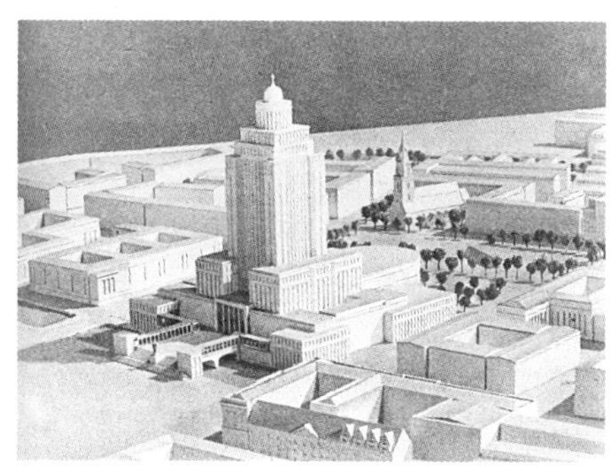

第75页
东柏林中心城区规划，1952年，未实施。

Source: Ulbricht, Walter: Das nationale Aufbauwerk und die Aufgaben der deutschen Architektur, Berlin 1952, p. 13

第74页
旧城中心的废墟：从库尔大街（Kurstraße）看圣贝丽教堂（St. Petri–Kriche）的图像，1959年。

Photograph: Gerhard Boß

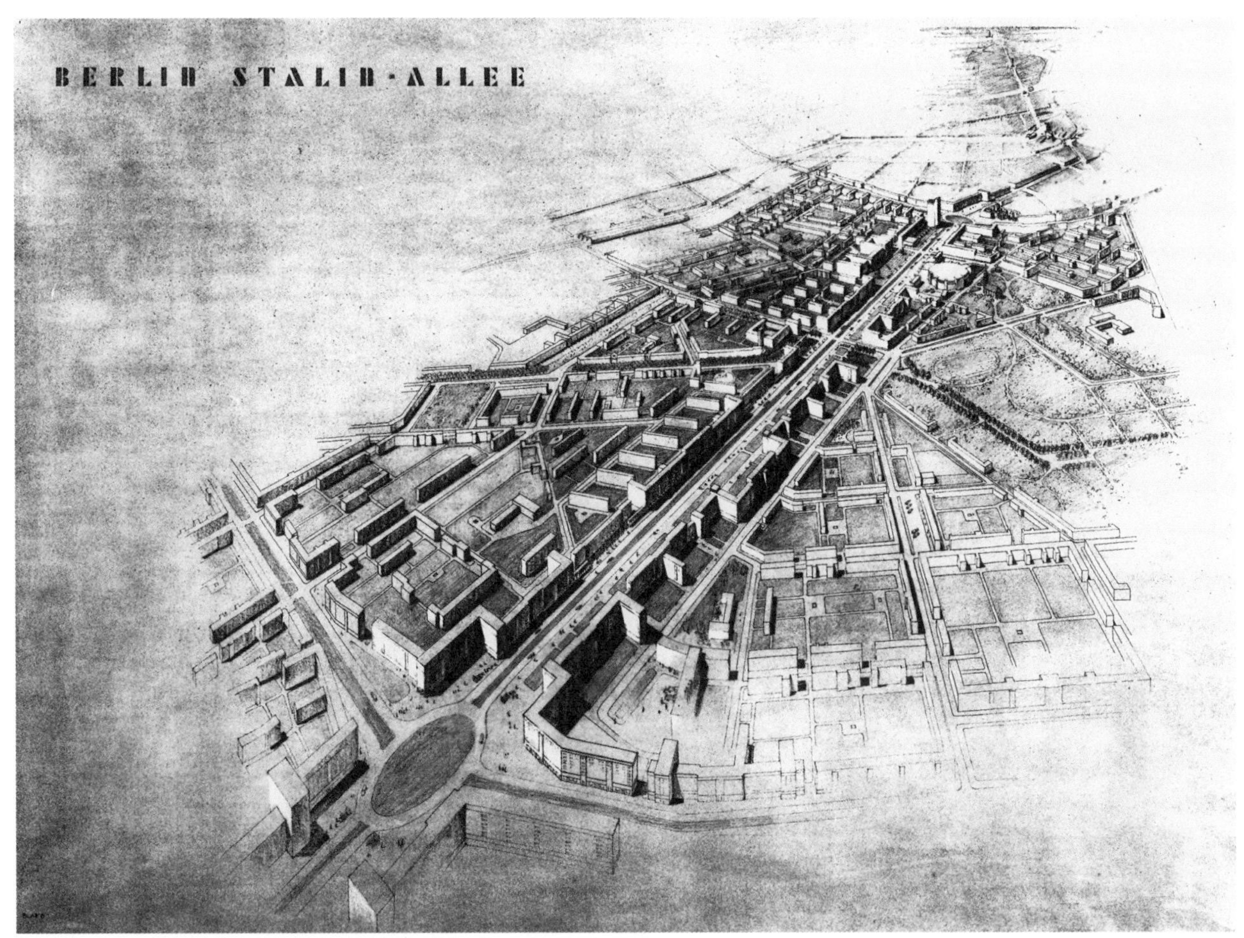

第76页
东柏林的斯大林大街，由艾贡·哈特曼（Egon Hartmann）设计，
获得竞赛一等奖，1951年。

Source: Hans Gericke, as doc. in: AIV (ed.): Berlin und seine Bauten. Part I: Städtebau, Berlin 2009, p. 253

第77页

西柏林的“汉莎小区”（Hansaviertel），根据“1957年国际建筑展”（Interbau 1957）的成果建造：这是一个在老城废墟上新建的一个彻底放弃紧凑布局的居住区。

Source: Landesarchiv Berlin, as doc. in: Bodenschatz, Harald: Platz frei für das neue Berlin! Berlin 1987, p. 169

第78页

东柏林的卡尔·马克思大街（以前叫作斯大林大街），2009年。

第79页

西柏林的汉莎小区，2009年。

Photographs: Philipp Meuser

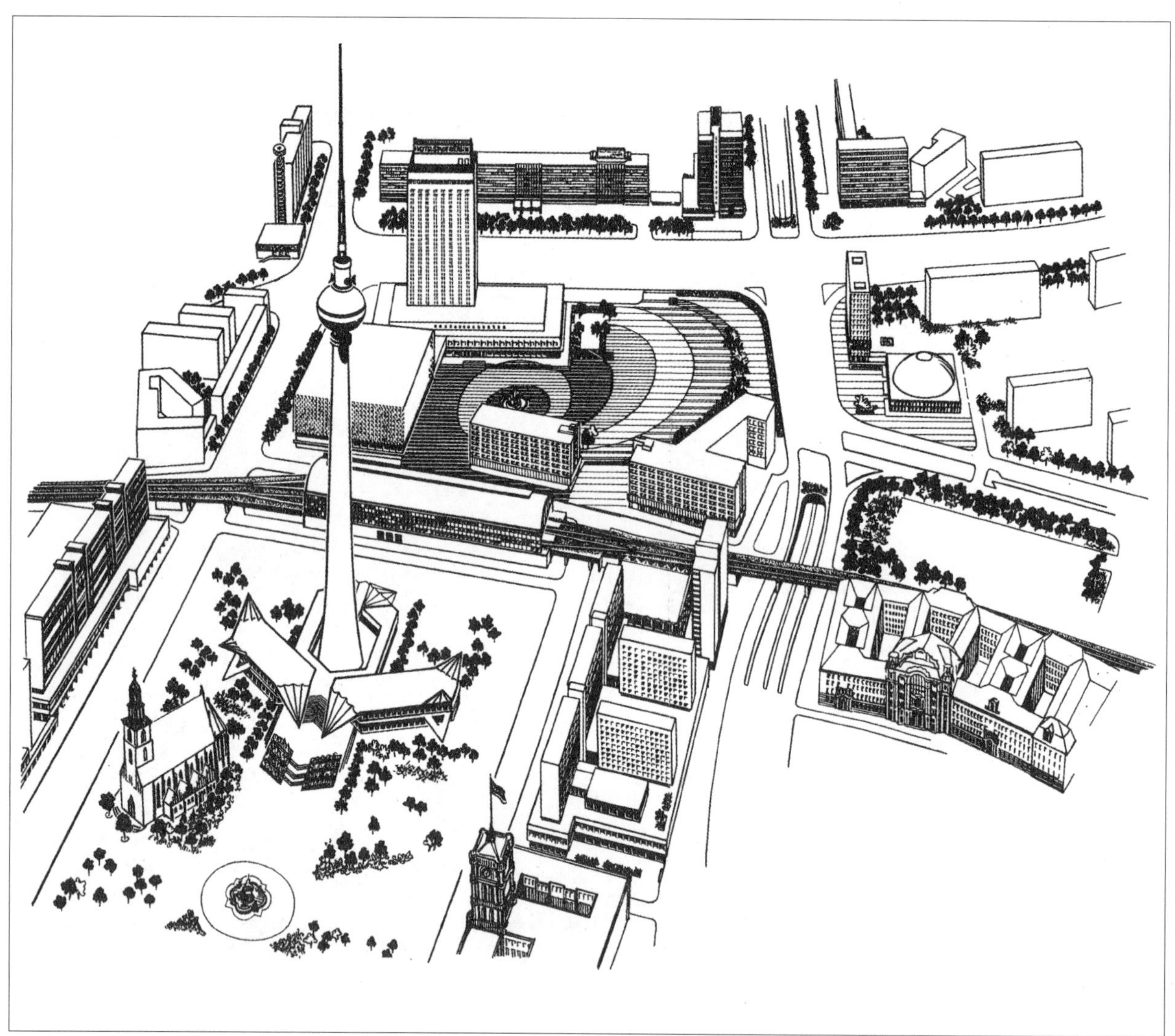

第80页
东柏林的新中心：以服务机动车为导向的亚历山大广场再开发，1974年。

Source: Volk, Waltraud: Berlin. Hauptstadt der DDR. Historische Straßen und Plätze heute, Berlin 1975, attachment

部分中世纪时期的城市平面都被清除掉了，从1960年代末至1970年代早期，亚历山大广场就与我们今天所熟知的样子一般无二。西柏林的中心也经历了彻底的现代化改造。一战前建成的“罗马风广场”在战争中遭到摧毁，现在不得不为现代主义的城市设计构图让路，以满足城市中心广场向外延伸的机动车交通需要。同样在战争中被摧毁的“威廉皇帝纪念教堂”（Kaiser-Wilhelm-Gedächtniskirche）的尖塔则幸存下来，仍伫立于广场中央——这一结果完全是依靠西柏林居民为了保护该建筑而提出抗议才得以实现的，最初的规划没有为保护早先的教堂建筑遗址留有任何余地。

这一时期更大的影响则集中在租屋地区的发展方面。东柏林所有的租屋地区都被废弃，其中一部分被拆除。在西柏林，“汉莎小区”（Hansaviertel）则显示人们希望用新的开发替代这些租屋地区。1963年以后，西柏林地区依靠大量的公共补贴对此类区域加以大范围拆除，替代的建筑类型是那些单一功能的社会住房项目，这些开发的目的是希望全面降低城市的人口密度。除此之外，开发完全放弃了原来在一个地区内部采取功能利用混合的方式。几乎没有人去关注这个城市的历史布局。事实上，人们采取的政策与之前刚好相反，以前发展出来的城市设计技巧与策略，例如兴建宏伟的大道和围绕广场布置建筑等方式，都被宣称是“落后的”而遭到放弃。人们很大程度上参考了美国的规划模式，在内城地区规划并部分改建成了城市环路，这些工作被视为城市设计的前沿成果。这种完全拆除的政策一直持续到1970年代，因为实施的成本过高、遭遇阻力才开始陷入危机。

对于城市发展来说，外城（位于郊区地带，在紧凑的19世纪城市边界以外）面临着更大规模变化的影响。此类地区兴建了大量的社会住房项目，开始是在西柏林，紧接着东柏林也开始建造。这些开发意味着城市的郊区化进入第三个阶段，而这是柏林所独有的。由于柏林所处的特殊政治形势，别的地方在战后随处可见的那种依靠机动车大规模开发的郊区独户住宅在这里是基本上是不可能的。1950年代开发的这种社会住房项目的一个代表性例子是“帽儿边”居住区（Siedlung An der Kappe），在1955年到1956年这段时间建于西柏林西部的施潘道（Spandau）。这个居住

第81页
西柏林的新中心：以服务机动车为导向的布赖特施德广场（Breitscheidplatz）再开发项目，以及威廉皇帝纪念教堂的改造，1966年。

Photograph: Landesarchiv Berlin

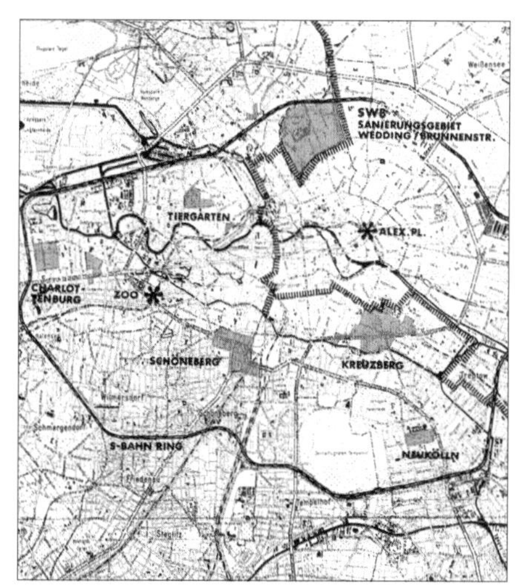

第81页
1963年西柏林第一次城市更新计划中所确定再开发区域的分布情况。

Source: Stadtbauwelt 18/1968, p. 1338

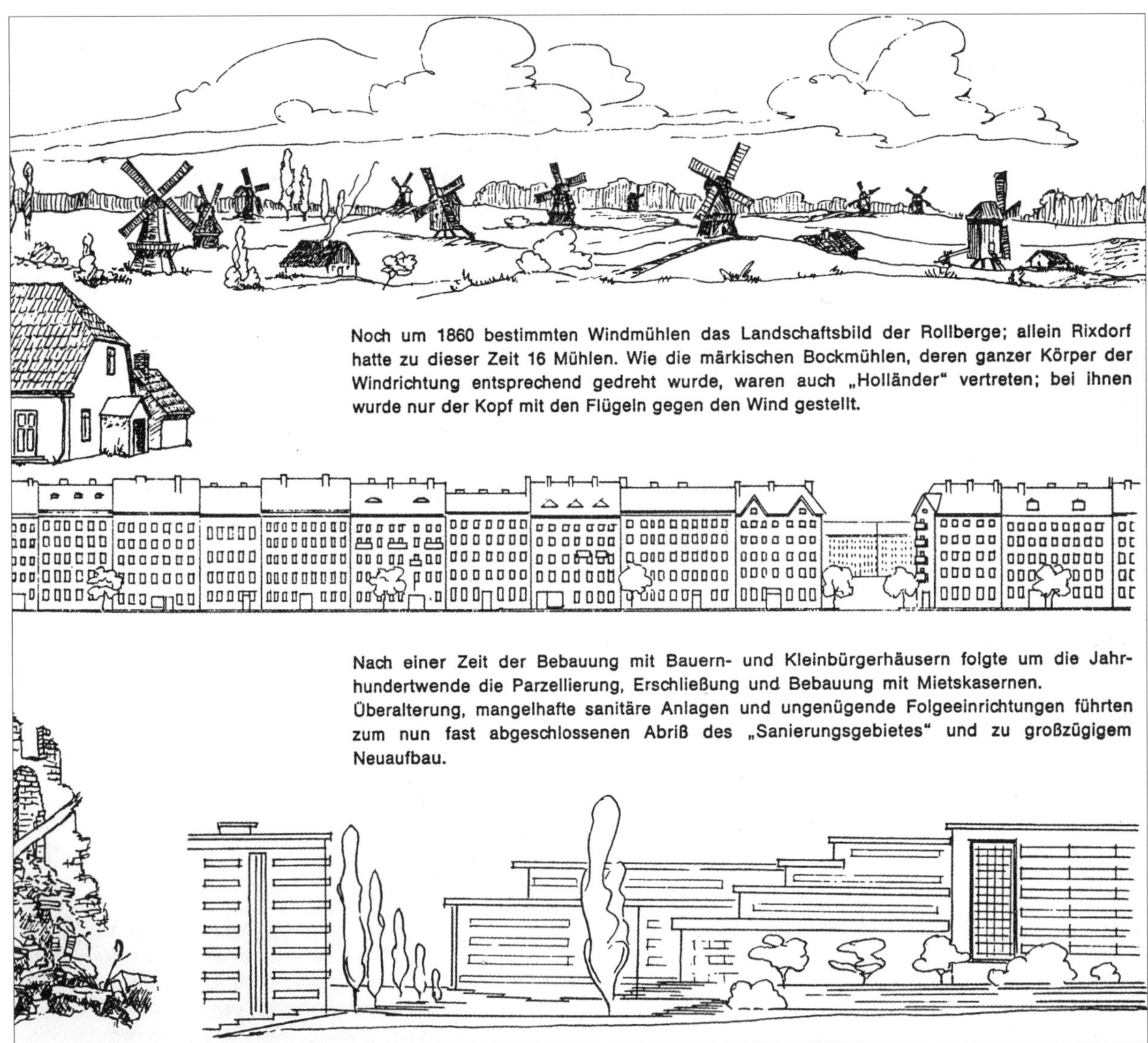

Noch um 1860 bestimmten Windmühlen das Landschaftsbild der Rollberge; allein Rixdorf hatte zu dieser Zeit 16 Mühlen. Wie die märkischen Bockmühlen, deren ganzer Körper der Windrichtung entsprechend gedreht wurde, waren auch „Holländer" vertreten; bei ihnen wurde nur der Kopf mit den Flügeln gegen den Wind gestellt.
Nach einer Zeit der Bebauung mit Bauern- und Kleinbürgerhäusern folgte um die Jahrhundertwende die Parzellierung, Erschließung und Bebauung mit Mietskasernen.
Überalterung, mangelhafte sanitäre Anlagen und ungenügende Folgeeinrichtungen führten zum nun fast abgeschlossenen Abriß des „Sanierungsgebietes" und zu großzügigem Neuaufbau.

第82页

洛尔贝格小区（Rollbergviertel）再开发项目在城市发展方面取得的“进步”，该项目属于1960年代西柏林城市更新项目的一部分。

Source: Bezirksamt Neukölln, without year

第83页

西柏林位于施潘道的帽儿边居住区（Siedlung An der Kappe），1957年。

Source: Senator für Bau- und Wohnungswesen (ed.): Auf halbem Wege ... Von der Mietskaserne zum sozialen Wohnungsbau, Berlin 1957

第83页

帽儿边居住区的规划方案，1950年代典型的新区开发，已建成。

Source: Senator für Bau-und Wohnungswesen (ed.): Auf halbem Wege ... Von der Mietskaserne zum sozialen Wohnungsbau, Berlin 1957

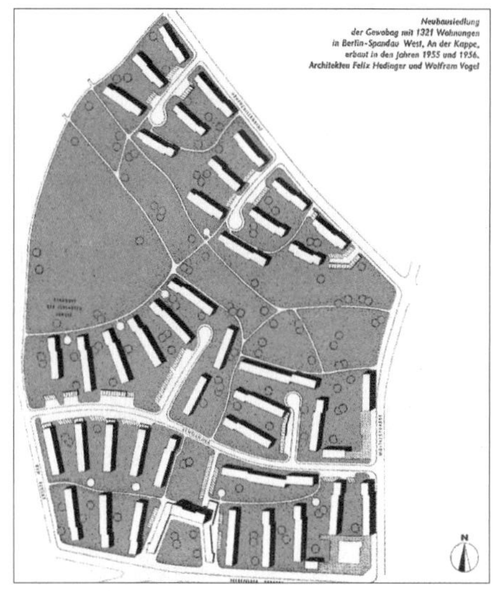

区主要由四层建筑组成，一排排房屋松散排列，相互用绿化空间加以分隔（住户有自己的花园就是最好的例子）。此类居住区一般还配备一个小型的商业中心，部分居住区还修建了地铁与市中心相连。在建筑方面，这些居住区并没有什么值得期待的地方；不过建筑外观仍然表达了追求社会公平的要求。当时能够搬进这样的居住区被认为是社会地位提高的标志，因为与那些没有经过现代化改造的19世纪末工人居住区相比，这些公寓已经达到了相当高的建造标准。

1960年代，情况发生了很大的变化。与许多其他西欧城市经历的类似，这一时期西柏林开始建造一系列大型社会住房项目，其规模远远超过1950年代兴建的居住区。这些新建社区的位置也要更加远离城市中心。最著名的例子是位于西柏林北部的“马尔基什小区”（Märkisches Viertel）（建于1963–1974年）。这些居住区

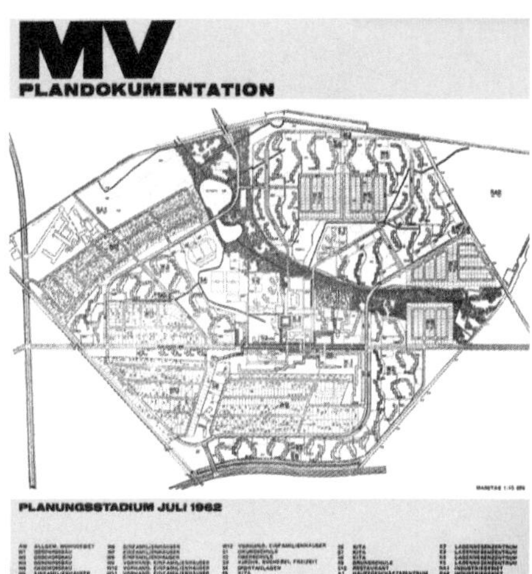

第85页
西柏林的马尔基什小区的规划阶段方案，1962年7月。

Source: MV Plandokumentation: Märkisches Viertel, Berlin 1972

第84、85页
西柏林北部的马尔基什小区，2009年。

Photograph: Philipp Meuser

一般都以高层公寓楼为主，但公共空间的设计还存在很多问题，而社会服务设施从一开始就完全满足不了人们的需要。然而多数情况下，这些地区依靠公共交通，仍然具有较好的区位条件。不过今天，人们不再认为搬进这种大型的社会住房意味着社会地位的上升。由于这一时期实施的再开发政策拆除了大批以前的居住区，许多居民是在违背自己意愿的情况下，被迫离开他们的旧居而搬进这些新公寓的。结果这些居住区内部集中了大量潜在的社会冲突，西柏林的邻里冲突恰恰是从这个地方爆发的，不久之后随着再开发引起的拆迁而进一步波及内城地区。

东柏林的社会住房项目主要集中在中心地区。其中一个例子就是所谓的“渔夫岛”（Fischerinsel），该项目始建于1967年——开发者兴建了一系列高层建筑，周边的公共空间毫无任何城市特征。在二战期间很多居民区遭到破坏，不过情况并没有恶劣到无法修复，但是为了给这些高层建筑而腾出空间，大多数幸存的老居住区都被拆除了。在这些高楼的北边，后来还建设了一条与当地空间尺度很不相称的高速公路，这个地方原来是作为中世纪柏林一部分的科恩主要的街道和广场分布的地区。

与西柏林相比，东柏林大量建造社会住宅居住区的活动直到1970年代中期才开始。建于1975年的“马尔赞”（Marzahn）居住区是采用组装工厂预制混凝土构件建造（Plattenbau）的第一个居住区。当时这个居住区的规模不只是在东柏林，甚至在整个“民主德国”（东德）（German Democratic Republic，GDR）都算得上是最大的。许多更大的社区在不久之后又兴建了一批规模更大的居住区，其中最著名的居住区要属“霍恩舒恩豪森”（Hohenschönhausen）和“海勒斯多夫”（Hellersdorf）。这些开发项目距离城市中心很远，不过政府也提供了公共交通联系。经过一段时间之后，这些居住区虽然在城市设计方面的构想有所改变，但是项目只能提供单一类型的住房：即大型住宅楼当中的公寓，不过这些公寓的户型根据面积也有所变化。由于快速建设的原因，人们经常会忽视位于住宅楼建筑之间的公共空间和景观的设计工作。能够搬进这样的居住区还是意味着生活条件的改善，因为那些在一战前建成的老住宅楼还没有经过现代化改造，因此普遍缺乏适当的卫生设施。直到1980年代开始实施大规模住房开发

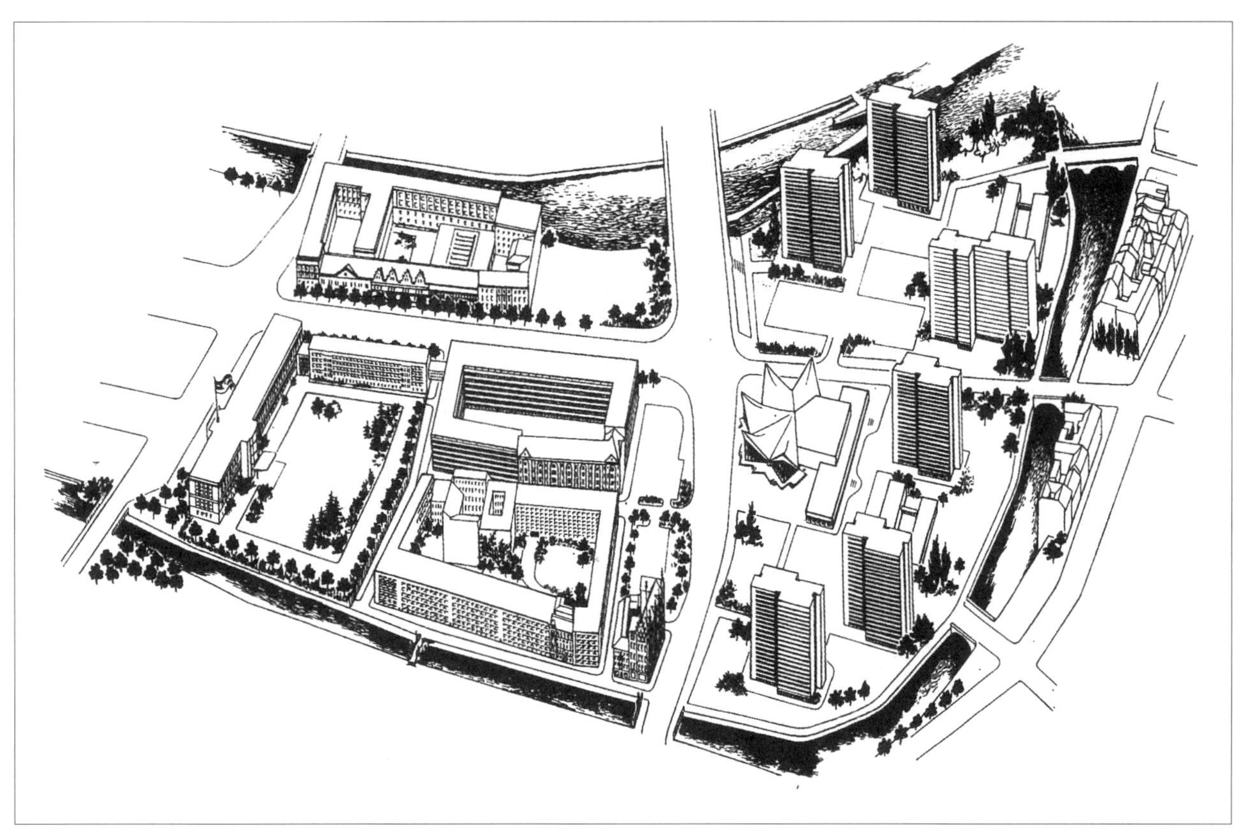

第87页

位于东柏林渔夫岛的新住宅项目，1960年代末。

Source: Volk, Waltraud: Berlin. Hauptstadt der DDR. Historische Straßen und Plätze heute, Berlin 1975, p. 141

第88页
1995年马尔赞居住区中毗邻梅尔鲁尔大道（Mehrower Allee）的高层公寓楼。

Photograph: Philipp Meuser

之后，这种情况才开始改变，人们又在市中心兴建了一些新的、有吸引力的公寓住宅。

随着东柏林和西柏林都实施了这种类型的大规模住宅开发项目，欧洲在1960年代出现了一种独特的紧凑型郊区化方式：郊区卫星城，这种方式也成为现代主义城市开发的象征。郊区卫星城在法国、英国，以及所有前苏联的加盟共和国都得到了广泛建设，但是无论是按照城市中公寓建造所占的比例，还是按照绝对建设量来看，柏林毫无疑问算得上是此类社会住房开发项目中最重要的城市之一。对于许多欧洲国家的城市来说，这些居住区都成为当前的城市开发中需要解决的重要问题。

第89页
1985年位于马尔赞居住区公寓楼内部的运动场。

Photograph: Bildarchiv Preußischer Kulturbesitz / Gerhard Kiesling

第 4 章　城市兼具过去和未来

整个西柏林地区在1970年代经历了剧烈的冲突。这一时期的各种社会问题集中在一起，最后导致城市规划工作放弃了现代主义的工作方法。1970年代，柏林的城市设计历史经历了仅有的一次关键转折，不过这次转折并不是通过战争实现的。

4.1　脱离现代主义的城市设计

社会冲突最早出现在大型居住区项目所在的地区，尤其是在马尔基什小区，不过很快就扩散到那些经历过彻底拆除重建的再开发地区。其中最为突出的地区要属位于克劳伊茨贝格（Kreuzberg）地区的科特布斯门（Kottbusser Tor）。大量市民组织起来反对拆除那些低价值的居民区，这些活动同时得到许多城市规划专家的支持，人们认为城市再开发策略不应再选择大规模拆除这种方式。这一代的观念和规划师都开始支持各种对19世纪城市加以保护和复兴的运动。在这个关键十年的中间，也就是1975年，欧洲理事会在整个欧洲范围发起了一场被称为“我们的未来要对过去负责”（“A Future for our Past”）的运动。西柏林也参加到这场运动中来——不过并不是官方的西柏林，而是另一个叛逆而另类的西柏林。很多国际专家都参观了西柏林的“118号街块”（Block 118），这个小街块属于夏洛腾堡再开发区域的一部分，不过并没有经过那种大规模的拆迁。这种对19世纪建筑进行修复更新的方式在后来被人们称为“谨慎的城市更新”（Behutsame Stadterneuerung），为了实现这种更新方式，人们与执政的政党、行政管理机关以及那些受到国家扶持的非营利性住房企业进行了激烈地斗争。整个运动得到了各方的大力支持，包括当地的市民活动组织、一部分城市设计专家组成的共同体和大量政治团体。这种由保护实现再开发方式的主要倡导者是建筑师哈特－瓦尔特尔·海默（Hardt-Waltherr Hämer），他为了西柏林“谨慎的城市更新”运动做了大量宣传工作，后来他也成为1980年代柏林国际建筑展的两个总负责人之一。与此同时，一部分专家对柏林的历史城市部分进行了深入的研究。他们希望能够使人们认识到以前

第91页
“118号街块”试点项目位于夏洛滕堡的克劳森纳广场（Klausener Platz）再开发地区：《柏林建筑纵览‘78》（Berliner Baubilanz ‘78）的封面照片。
Source: Berliner Baubilanz‘78

那些租屋的各种优点，从而让那种采取大规模拆迁进行城市更新的做法失去存在的合法性。他们的工作中特别注重公共空间的品质。约瑟夫·保罗·克莱修斯（Josef Paul Kleihues）参与领导了这些研究工作，他后来在源于西柏林的“批判性重建”运动中成为核心人物，这次活动对柏林历史城市结构的更新和再开发进行了深入思考。他后来协助哈特－瓦尔特尔·海默共同领导了柏林的国际建筑展。

不过柏林并不是这次欧洲理事会所倡导运动最重要的代表。这个活动中最值得一提的就是意大利北部的博洛尼亚（Bologna），该城市认为工业化前的整个城市中心都值得保护，并把这个地区作为遗址整个保护起来。对整个欧洲来说，博洛尼亚模式在城市设计工作摆脱现代主义模式的过程中发挥了至关重要的作用；其他发挥了重要作用的城市还包括阿姆斯特丹和当时位于苏联势力范围内的波兰城市克拉科夫（Krakow）。对于所有这些城市来说，追求的目标是保护欧洲的“历史”城市，即工业化以前的欧洲城

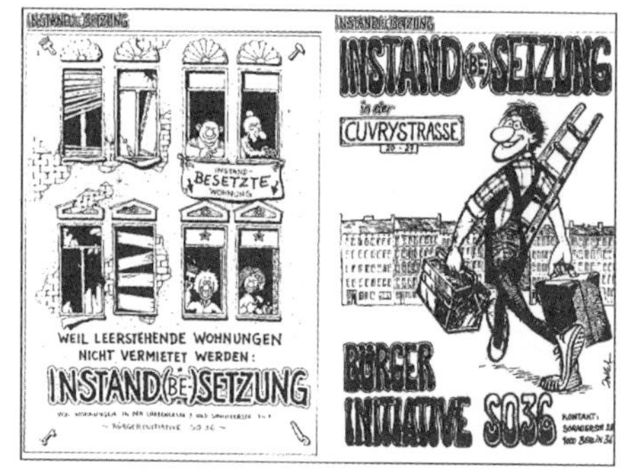

第92页
西柏林的克罗伊茨贝格，最早的两张海报，以“SO 36”地区市民行动委员会非法占用土地为主题，1979年。（SO 36是柏林按照以前邮编划分的其中一个地区，译者注）

Source: Bodenschatz, Harald: Platz frei für das neue Berlin! Berlin 1987, p. 200

市。相比之下，柏林备受关注的地方则是为保护19世纪末的城市而进行的斗争。除了在这场运动中的带头作用以外，西柏林还因为另外两个原因而得到了国际上的普遍赞扬：首先，欧洲理事会所倡导的运动使那些对当时西柏林推行的城市开发方式持反对意见的人，能够向国际上的各种人士提出自己的观点，其中就包括展示类似“118号街块”这样的项目，这个过程帮助扩大了有关“历史中心”的讨论，使相关的话题拓展到历史城市以外的范围。其次，来自国际社会的关注帮助加强了那些城市设计方面反对者的地位，使他们更积极地对提出与当时正统城市开发观念不同的方式，从而加快了否定之前那种“破坏性”城市规划政策的过程。因此1975年也被认为是西柏林实现转折的关键一年，以前长期积累的小规模冲突在这个时候达到了顶点，并获得了国际性的影响。

虽然在东柏林没有出现类似的社会冲突，不过在封闭的规划专业内部，人们也开始了相关讨论，重新评估19世纪末城市的价值。因此也可以认为，西柏林、阿姆斯特丹和伦敦在这方面出现的激烈冲突对东柏林也产生了间接的影响。在1970年代初，东柏林实施了几个相互之间没有什么关联的老住宅整治项目——很明显这些项目没有再采取大规模拆迁的再开发方式。其中一个著名的例子就是对位于普伦茨贝格（Prenzlauer Berg）地区阿明广场（Arminplatz）周边地区的改造（从1973年起）。项目只拆除了少部分建筑，同时还修建了一条穿越整个街块的公共通道。这个项目还得到了西柏林那些赞同“谨慎的城市更新”措施人们的大力赞扬，他们强烈认同采取的这种方式。尽管如此，在东德的首都，只有少数例外采取了这种对环境影响较小的现代化整治方式，大多数租屋仍然被不断拆除。用于改善公共空间的投资也仍然只是个案而已。

1970年代，面对大量公众和专家要求不再拆除历史城市的呼声，西柏林开始放弃现代主义的城市开发方式。与此同时，这也意味着公共住房开发公司走向终结，这些公司在二战之后是城市开发领域最重要的参与者之一。这些公司通常与西柏林的重要政党保持紧密的联系，是他们负责建造了1950年代的居民区和1960年代那些大型公共住房项目，此外他们也还负责实施了一系列通过拆迁进行城市再开发的项目和措施。这些现代主义城市开发方

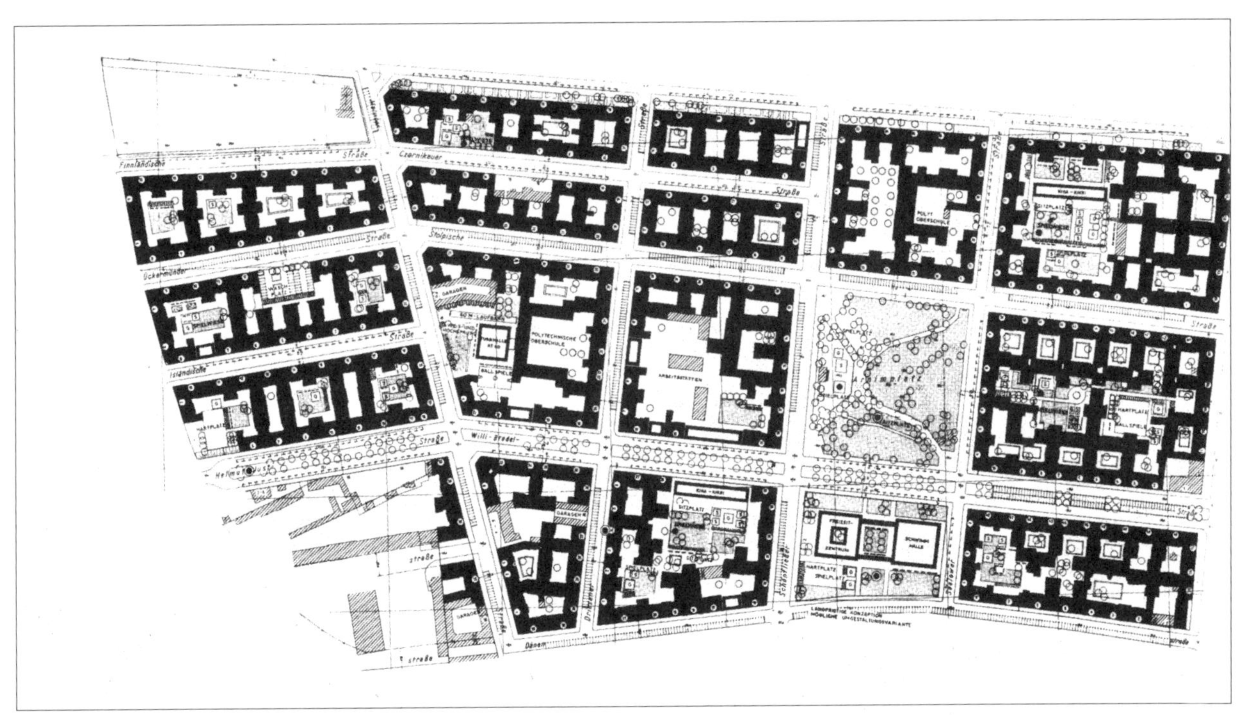

式的“担保人”仍然坚持这种城市规划方法，不愿意进行反思，而且他们还拥有大部分政治和行政部门的支持。在整个1970年代，虽然已经遭到削弱，但大规模拆迁的政策在这些机构的支持下仍然顽固地维持下来。

到1980年代早期，社会冲突开始演变成大规模的“占屋运动”。这种抗议形式非常激进，但是却受到许多知识分子的支持，这种活动最终成为通过大规模拆迁实施再开发模式破产的象征。在1980年代初期，拆除老住房的活动最终停止：坚持大规模拆迁进行再开发的项目最终一败涂地。面对建筑发展领域出现的新构想，各种关于城市开发的政治主张有必要在这个全新的基础上进行反思。此外，由于人们对于城市政策和那些负责公共住房项目公司形成的信任已经完全瓦解。重建信任的过程是通过成立特殊机构的方式逐渐建立起来的，也就是通过举办“1984/1987年国际建筑展”（国际建筑展简称“IBA”，来源于International Bauaustellung的缩写）的方式进行。本次建筑展主要承担了两项

第93页
阿尔尼姆广场（Arnimplatz）再开发地区，位于东柏林普伦茨劳贝格，设计完成于1973年。

Source: deutsche architektur, 6/1973, p. 357

第94、95页
图片显示了国际建筑博览会位于克罗伊茨贝和动物园的项目分布图。建设项目，特别是计划进行现代化改造的项目用红色部分标出，公园和公共空间为绿色部分，街道改进项目为黄色部分。1991年的项目总体开发情况。

Source: Internationale Bauausstellung Berlin 1987. Beispiele einer neuen Architektur. Stuttgart 1986, p.2

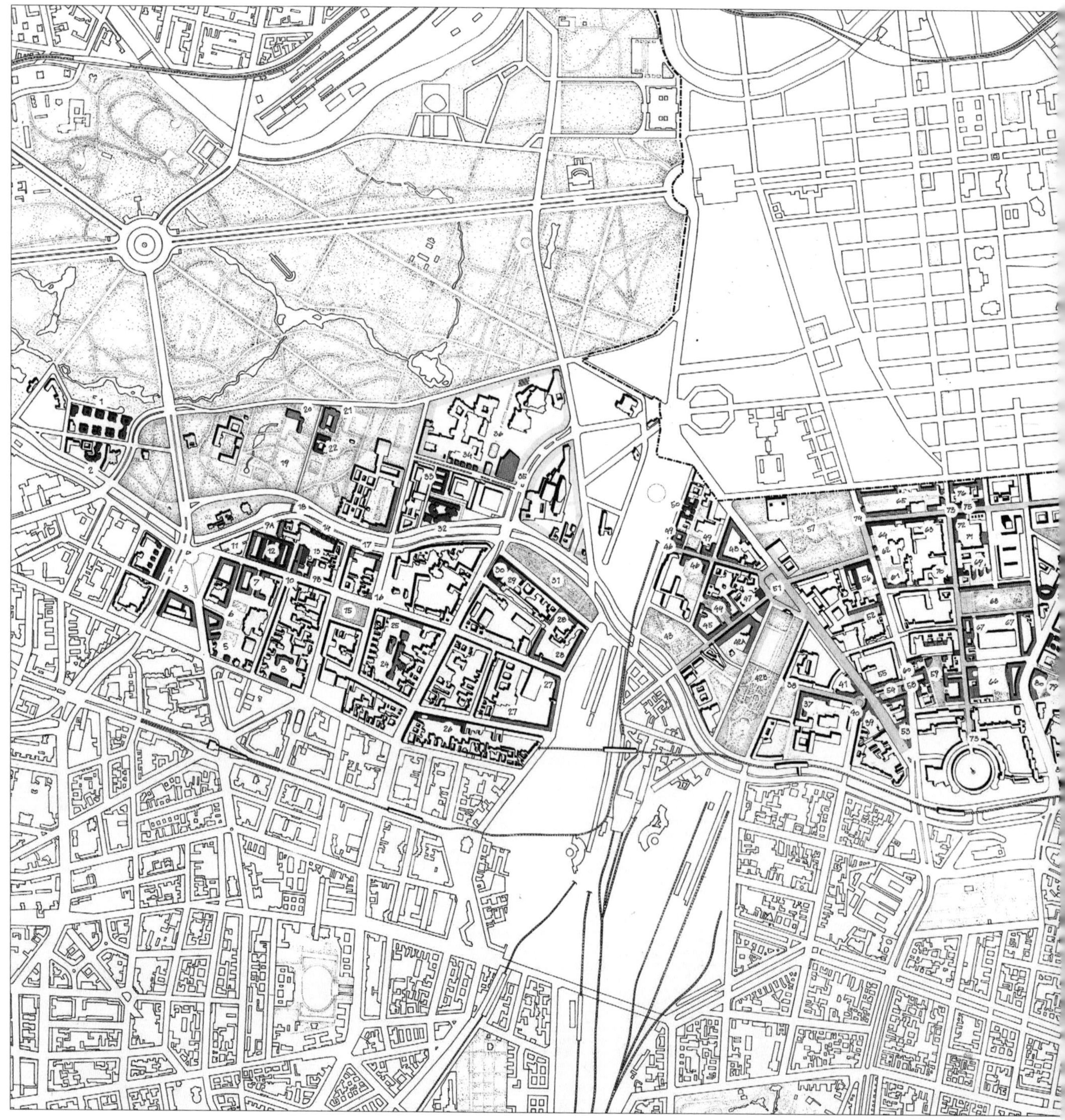

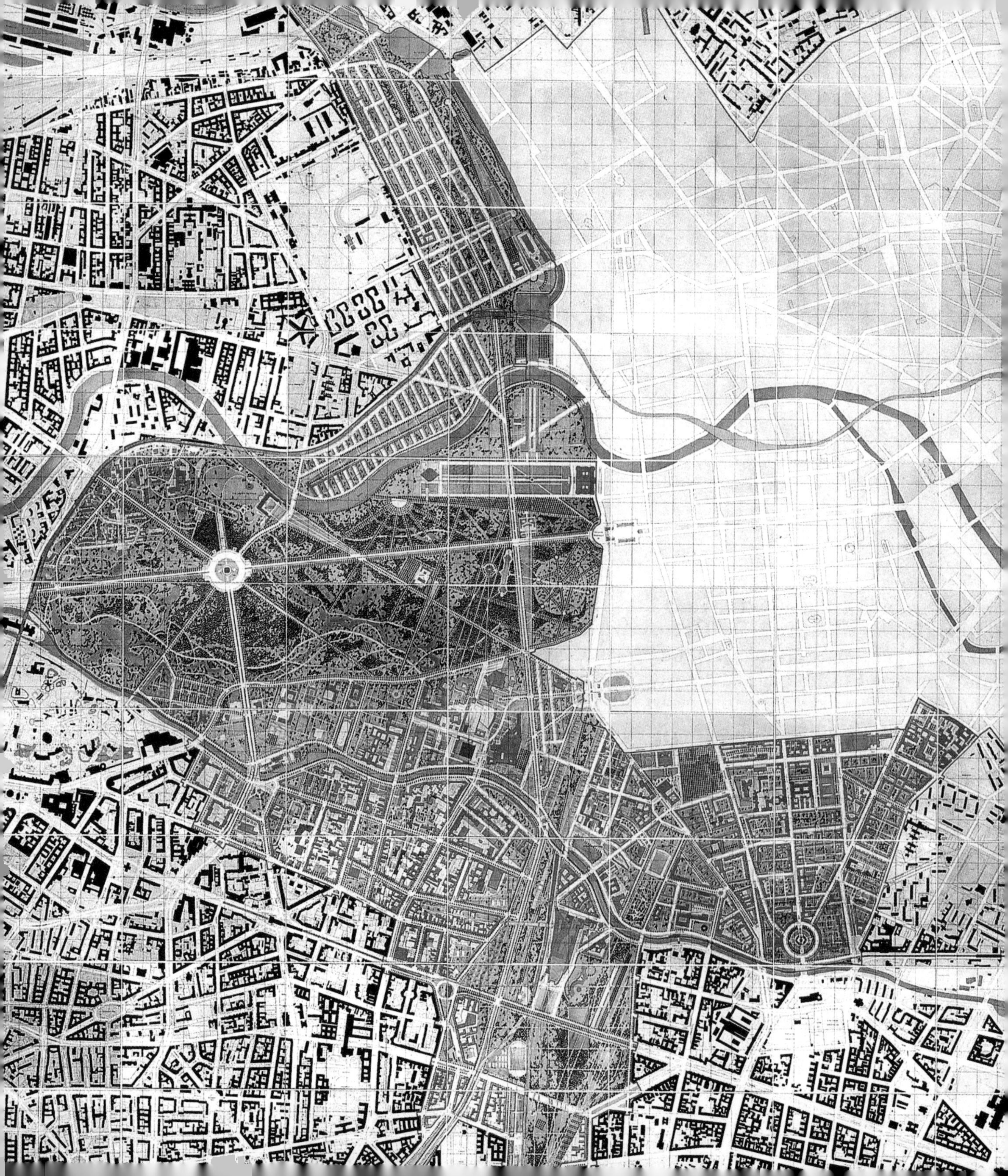

任务：围绕“谨慎的城市更新”发展出一个新的政治框架，以替代之前那种大规模拆迁进行再开发的模式，同时还要为新建筑的开发创造出一个能够取代现代主义模型的新政策主张。挑战都集中在内城；而郊区边缘的问题则被人们忽视了。1970年代抗议活动的两个关键人士被选出来完成这两个任务：哈特－瓦尔特尔·海默和约瑟夫·保罗·克莱修斯。国际建筑展的两位负责人不负众望，除了推动城市开发政策的转变之外，还努力使公众对城市规划工作的形成了积极的态度。在这个变化过程中，西柏林也转变为一个在国际城市规划领域具有重要影响的实验室，帮助打破了以前正统现代主义的限制。只有在1980年代，现代主义城市规划政策里面那些旧的准则——发展机动车导向的城市，拆除老房子，破坏现代主义以前的城市结构，才最终被永远埋藏了。简而言之，长长的林荫道、带有内院的住宅街块、公共广场，各种现代主义以前的城市规划语汇得到人们重新评估，并获得了更为积极的内涵。人们重新回到了那些数十年来一直遭到歧视的租屋建筑，庭院也得到了更为积极的用途。新建筑被要求按照高度多样和非常规的方式与整个城市建筑文脉相互适应。某个独特的建筑风格并不是主办者关注于的重点。建筑展邀请了一系列建筑风格极其多变的建筑师，他们在建筑展的框架内获得了各种新建设项目的委托：彼得·埃森曼（Peter Eisenmann）、H·赫茨博格（Hermann Herzberger）、矶崎新（Arata Isozaki）、罗布·克里尔（Rob Krier）、摩尔/卢布尔/尤戴尔（Moore/Ruble/Yudell）、阿尔多·罗西（Aldo Rossi）、阿尔瓦罗·西扎·维埃拉（Álvaro Siza Vieira）、罗伯特·斯特恩（Robert Stern）、詹姆斯·斯特林（James Stirling）。大量外国建筑师的参与也帮助提高了建筑展的国际知名度，成为世界各地无数出版物的主题。

在国际建筑展的影响下，西柏林内部的其他城区也开始转变城市规划方面的政策。其中最为关键的是，“谨慎的城市更新”基本原则得到了广泛传播。西柏林再开发政策中，1979年在克罗伊茨贝格西部实施了一个非常优秀的例子，建筑展将沙米索广场（Chamissoplatz）作为再开发区域。最初的规划方案本来计划拆除位于街块内部的大量建筑，占总建筑面积的30%，不过该部分计划最终被放弃。大多数住宅楼层在经过了现代化改造以后，改为

第96页

国际建筑展项目中，位于腓特烈城南部和动物园地区的城市再开发总体规划，由约瑟夫·保罗·克莱恩胡斯负责编制，“国际建筑博览会（IBA）1984/1987”。

Source: Internationale Bauausstellung Berlin 1987. Beispiele einer neuen Architektur. Stuttgart 1986, p.2

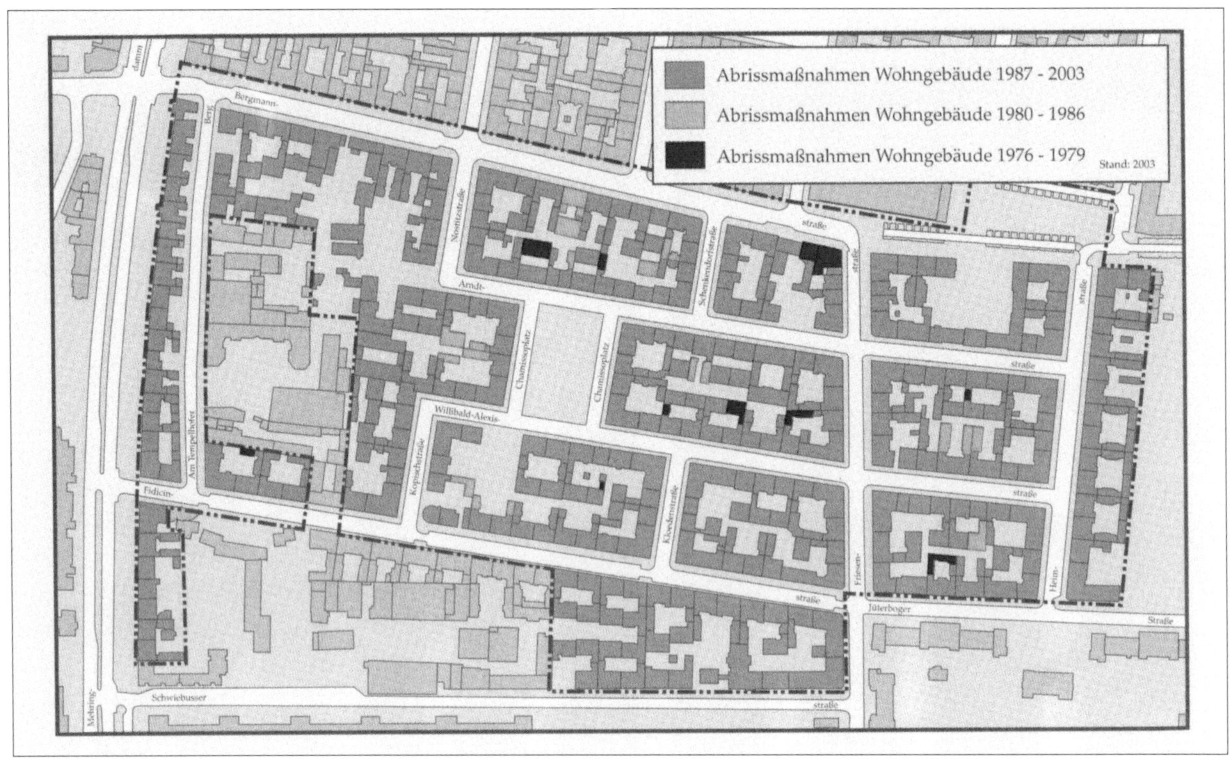

第98页

沙米索广场再开发地区的图纸，图中标明了不同年代拆除居住建筑的分布情况。红色部分于1976–1979年拆除，黄色部分于1980–1986年拆除，绿色部分于1987–2003年拆除。

Source: Bremer, Alf et. al.: Kreuzberg Chamissoplatz. Geschichte eines Berliner Sanierungsgebietes, Berlin 2007, p. 104

第99页

克罗伊茨贝格沙米索广场周边地区，2009年。

第100页

新改造之后的尼古拉小区，共和国宫位于地块的对角线方向，2009年。

Photographs: Philipp Meuser

混合使用而得以继续存在。此类再开发计划成功的一个重要前提就是当地居民的充分参与，他们坚决反对拆除的计划。

这种新的试验性规划超越了现代主义城市设计。在很大程度上，它是通过克服现代主义规划体系中各种过时、僵化和限制性的制度规定而发展起来的。这种新的规划在实施过程中需要与那些国有的公共住房企业（由于人们摈弃了以前的现代主义设计，其信誉也随之受到破坏）相互合作，除此之外也需要公共补贴的支撑，以前这些补贴只被用于新建社会住房项目。它也不得不与那些才开始缓慢尝试适应新环境的行政部门共同工作。此外，少数之前参与私人开发项目的公司也获得批准参与这种新的开发，后来随着柏林墙的倒塌，这些公司在柏林的重新统一过程中发挥了关键的作用。

大多数专家，特别是德国以外的人，并没有意识到东柏林的

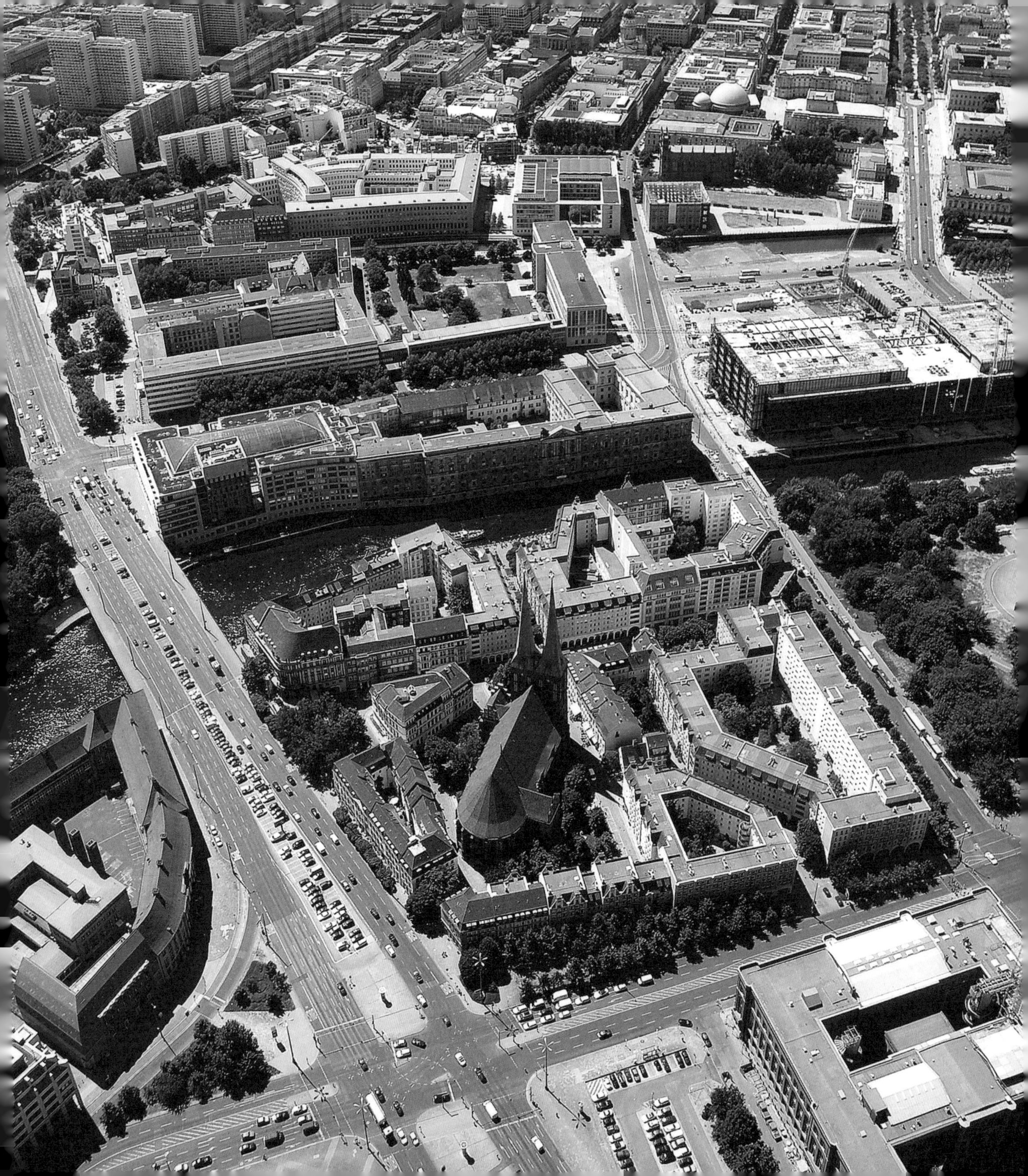

城市规划领域同样也在经历相似的转变过程，总是认为东柏林仍然继续使用工厂预制构件进行建设。1987年人们计划举行纪念柏林建城750周年的活动，这次活动在推动东柏林地区的转变过程中发挥了关键作用。柏林希望作为整体向国际公众展示自身全新的面貌。在城市分裂之后，城市的历史中心完全位于柏林东部，东柏林希望充分展现出这方面的优势。到1980年的时候，东柏林采取的城市设计方法已经出现了明显的变化。施普雷岛（Spreeinsel）——施普雷河中的小岛——位于柏林市中心，人们对此处19世纪末的主教堂进行大量翻修工作，各种雕像复制品［原作由卡尔·弗里德里希·辛克尔（Karl Friedrich Schinkel）设计，］也被重新安放在宫殿桥（Schlossbrücke）那里。旨在对尼古拉小区（Nikolaiviertel）进行再开发的竞赛引起了广泛的关注。一幅1976年绘制的速写虽然展现的是现代主义城市设计风格的方案，但是举办这个竞赛的目的则是集中在“以较为自由的诠释方式”对这个中世纪的城市街区进行重建。最终建成的实施方案由竞赛的优胜者甘特·施塔恩（Günter Stahn）设计，虽然并未获得普遍认可，但是该方案仍然在公众中轰动一时，这个街区至今仍然吸引了大批来访者前往。

作为一个影响深远的项目，尼古拉街区的重建项目拉开了东德最后几年统治时期振兴城市中心计划的序幕。将辛克尔剧院（Schinkelsches Schauspielhaus）（1984）改造成为音乐厅的适应性重建项目获得了广泛关注。重建后的音乐厅成为所在广场的核心，自1980年起广场周围又陆续修建了许多新建筑。在“学院广场”（Platz der Akademie，后来再次更名为“御林广场”/Gendarmenmarkt）上兴建的这些历史主义建筑算得上有史以来最为奢华的工厂预制混凝土结构建筑。它们显示出东德也可以建造这些新的“后现代”城市建筑。在“施潘道城区”（Spandauer Vorstadt）（这个巴洛克时期兴建的城市中心区在之前几十年间一直遭到忽视），人们耗费巨资在1981年至1987年间对“索菲大街”（Sophienstraße）这条地区内部最漂亮的街道进行了修复。“索菲大街”标志着“施潘道城区”终于得到复兴，这个城区内部存留下来工业化以前的建筑比柏林其他任何地区都要多。1980年代这段时间，人们还实施了包括胡瑟曼大街（Husemannstraße）、普伦茨

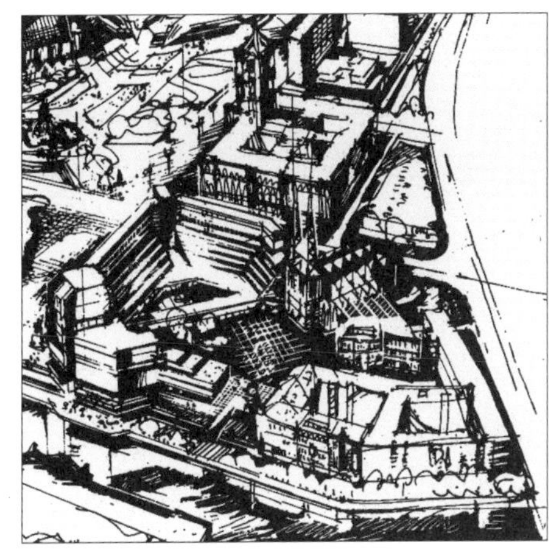

第101页
以前的提议希望以现代主义风格对尼古拉小区进行重建，迪特·本科特（Dieter Bankert）负责设计，1976年。

Source: Graffunder, Heinz / Beerbaum, Martin / Murza, Gerhard: Der Palast der Republik, Leipzig 1977, p. 18

第101页
以传统方式对尼古拉小区重建的提议，甘特·施塔恩负责设计，1982年。

Source: Stahn, Günter: Das Nikolaiviertel am Marx-Engels-Forum. Ursprung, Gründungsort und Stadtkern Berlins. Ein Beitrag zur Stadtentwicklung, Berlin 1985, p. 72

第102页
为庆祝柏林建城750周年，人们对胡瑟曼大街的建筑立面加以翻新，1987年。

Photograph: ullsteinbild / Ritter

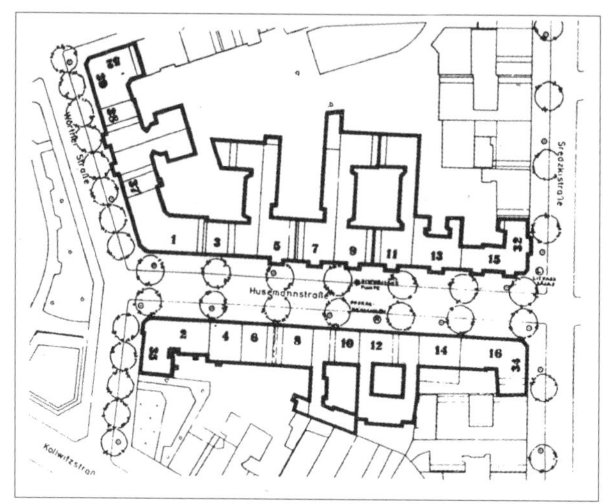

第102页
胡瑟曼大街的平面布局"在首层安排了社会功能"，包括"理发店博物馆"、"柏林工人博物馆（1900年前后）"和"儿童图书馆"，以及餐厅、咖啡馆、冰激凌销售点、食品杂货店、邮局等。1989年出版。

Source: Rietdorf, Werner: Stadterneuerung. Innerstädtisches Bauen als Einheit von Erhaltung und Umgestaltung, Berlin 1989, p. 30

第103页
位于施潘道城区索菲大街的建筑工地，1985年。左侧是现在的索菲礼堂（Sophiensäle）。

Photograph: ullsteinbild / Schnabel

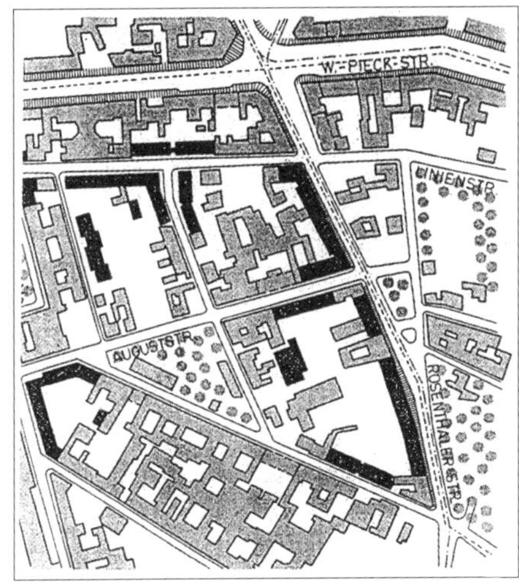

第103页
批判性重建也在东德得到了实施：图纸上突出显示的部分是1980年代沿着施潘道城区历史街区的新建筑，使用工厂预制混凝土构件建造。

Source: Rietdorf, Werner: Stadterneuerung. Innerstädtisches Bauen als Einheit von Erhaltung und Umgestaltung, Berlin 1989, p. 48

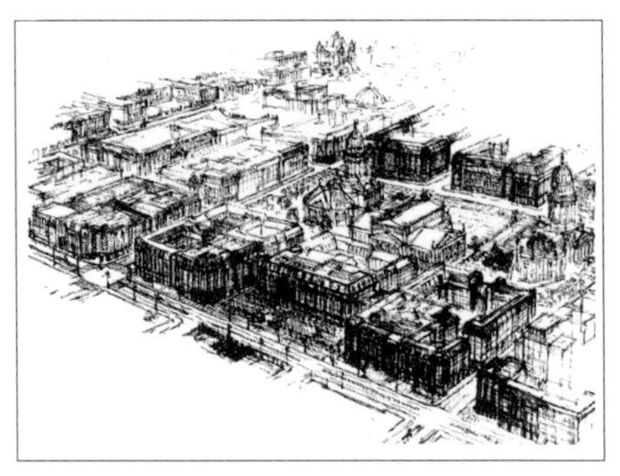

第104页
东柏林规划的腓特烈城拱廊（Friedrichstadt-Arcades）的设计草图，1987年。

Source: Bodenschatz, Harald (ed.): Renaissance der Mitte, Berlin 2005, p. 228

第104页
腓特烈城拱廊的模型，1987年。

Source: Magistrat von Berlin

第105页
东柏林修复的学院广场，今天改名为御林广场，对原来的教堂和辛克尔剧院进行了重建，广场周围是一些使用历史风格装饰过的混凝土建筑，用工厂预制构件建造，2009年。

Photograph: Philipp Meuser

劳贝格地区的珂勒惠支广场（Kollwitzplatz）改造等一系列项目。不过这个地区的复兴在很大程度上是在柏林墙倒塌之后才真正进入快车道。所有这些项目都是为了庆祝1987年柏林建城750周年采取复兴历史城市的措施才得以实现的。相比之下，东柏林地区实施后现代类型城市发展的高潮要算沿腓特烈大街（Friedrichstraße）建设城市林荫大道这个项目，不过由于柏林墙的倒塌，这个始于1981年的项目未能最终完成。

到1980年代，东西柏林虽然仍然相互分裂，但是很明显它们都已经告别了正统的现代主义城市设计。这种转变首先影响的是19世纪的城市和历史中心部分，这些城区主要集中在东柏林。除此之外，这个过程甚至还影响到大规模的住宅建设项目，工作的重点开始向更新改造集中，不过这方面的内容还只是西柏林的情况。这一时期的工作主要是调整那些晚期现代主义的城市设计结构，人们采取了包括改善建筑外立面设计、增加公共空间并引入各种更加灵活的用途等多种方式。此外，二战后制定的高速公路规划由于可能严重破坏西柏林的城市肌理，最终得到废止。不过，这种摆脱现代主义城市设计的现象并不只是出现在分裂的柏林；在许多其他的欧洲城市，这一过程都按照不同的程度和速度大量出现。在整个欧洲思想转变初期的1970年代，典型的代表是博洛尼亚；而到了1980年代，巴塞罗那则成为国际公认的典范。在同一时期，西柏林在国际建筑展方面取得的成果，与巴黎实施的重点项目和伦敦道克兰码头区（Docklands）的重建项目，一起获得了广泛的关注。

4.2 柏林墙倒塌之后

1989年11月9日，柏林墙的倒塌从根本上改变了柏林城市发展的状况，这种变化比人们所能预见到的更加彻底且更为迅速。在这以前根本就不存在为统一的新柏林所制定的城市规划。东柏林和西柏林在1990年开始尝试合作，直到当年的10月3日正式统一。从政治上来看，这个过程意味着东柏林将接受西柏林的制度及其领导人。不过这个时候人们并不确定柏林能否真的成为重新统一之后的德国首都。直到1991年6月20日，通过德国联邦议院投票，柏林才以极其微弱的优势超过波恩，最终确定成为德国新的首都。到1991年春天，重新整合柏林的筹备机构及其所需的人员也进一步确定了下来，其中包括负责建筑、住房与城市发展问题的副市长和城市设计方面的负责人等关键职位。这些机构负责人的角色需要重新调整，才能够适应柏林统一过程中所面临的各种新挑战。城市设计的相关机构最终确定由汉斯·史蒂曼（Hans Stimmann）来领导。

随着城市再次统一，柏林城市发展的整体框架出现重大的变化：工业部门失去了大量的工作岗位，必须通过发展服务业来创造出替代性的工作岗位。当时人们普遍认为，过不了多少年柏林的发展水平将与伦敦和巴黎不相上下。不过以前向东柏林和西柏林投入的大量社会住房补贴被大幅缩减，社会住宅开发机构的重要性也逐渐消失。相比之下，以前位于西柏林和西德其他地区的私人投资者们开始发挥关键作用。这些投资者对住宅开发并不感兴趣，其投资主要用于办公建筑的开发建设。在这个过程中，投资者也开始与柏林当地的政党合作，并发挥了相当的影响力。新的投资倾向集中在柏林的历史中心地区，也就是以前东柏林的中心区，该部分城区的投资环境非常不错：东德以前的城市发展政策为该地区保留了大量重要的开放空间，保留下来的建筑以前主要服务于东德的官僚机构，现在很快就获得了新的用途。公众和专业人士的关注点都集中在柏林新旧中心的开发方面。相比之下，包括以前租屋居住区的现代化改造、对那些使用工厂预制构件方法建设的居住区改造以及新郊区小镇的开发等其他的城市开发任务所获得的关注程度大幅降低。在这一时期，以伦敦为代

第106页
在波茨坦广场透过柏林墙看电视塔的照片，1990年。

Photograph: Landesarchiv Berlin

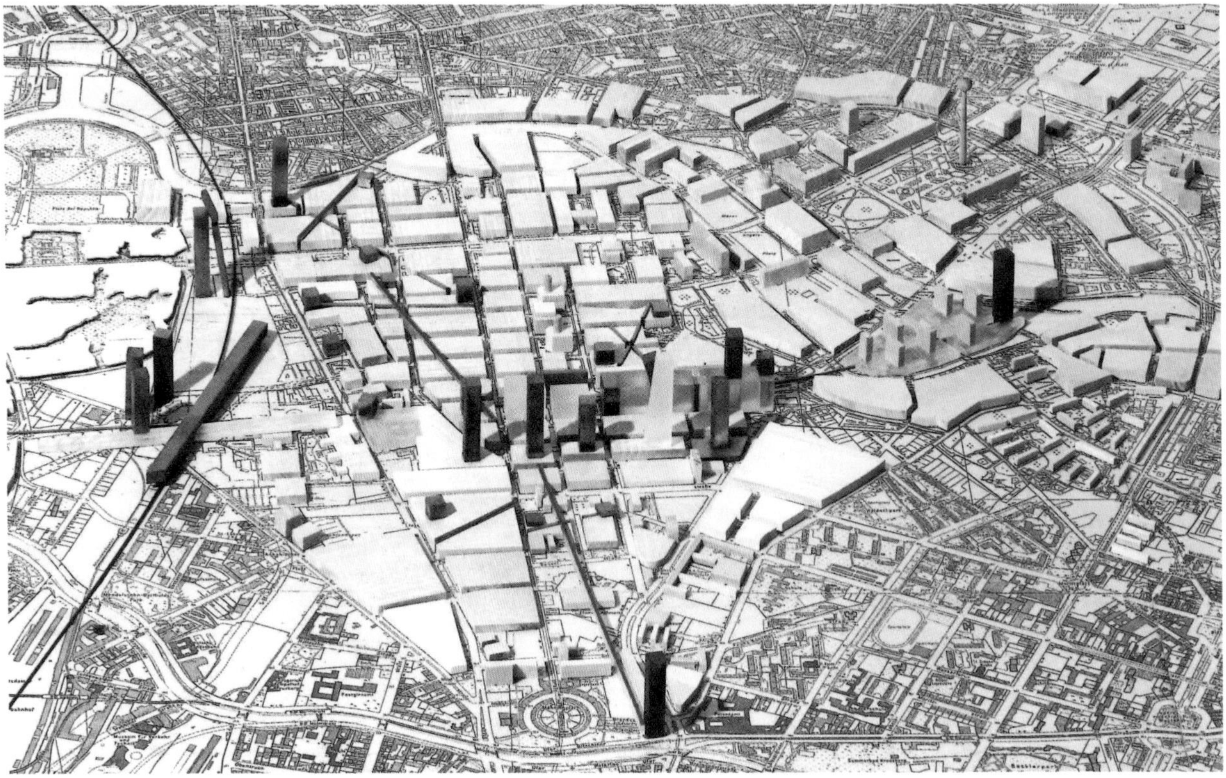

第108页

“柏林十字（Berlin Crossing）”——城市中心区再开发的提议。“蓝天组”设计［Coop Himmelb（l）au］，1990/1991年。

Source: Lampugnani, Vittorio Magnago / Mönninger, Michael (ed.): Berlin morgen. Ideen für das Herz einer Großstadt, exhibition catalogue, Stuttgart 1991, p. 98

第108页

在波茨坦广场和亚历山大广场分别建设两个高层建筑群的提议。汉斯·柯尔霍夫设计，1991年。

Source: Lampugnani, Vittorio Magnago / Mönninger, Michael (ed.): Berlin morgen. Ideen für das Herz einer Großstadt, exhibition catalogue, Stuttgart 1991, p. 135

表，欧洲主要城市的城市发展都开始经历柏林这种“再中心化”过程，人们开始广泛讨论可持续的城市规划问题。

在柏林墙倒塌以后，柏林的城市发展可以分为四个主要阶段：第一阶段（1990–1995年）的发展是城市重新统一不久的狂热开发时期，出现了大量的投机活动，确定和实施了许多重大项目，开发主要集中在城市中心，部分位于郊区。第二阶段（1995–1999年）的特征是幻想破灭，人们发现第一阶段过于乐观的预测与现实发展严重不符，工作的重点从开发大项目转移到大规划的编制。由于办公空间严重供过于求（主要是投机性质的），至少在规划层面，住宅建设又成为工作的重点。第二阶段的另一个重要特点是许多第一阶段开发的项目最终完工。不过第二阶段最明显的特征应该要算柏林郊区的过度开发问题了。第三阶段（1999–2006年）的主要特征是城市开发减缓，位于城市中心和郊区的大多数开发项目的进展放慢，不少项目甚至出现停滞。这个时期的重点既不是大规划也不是大项目，城市开发的不景气局面不只集中在柏林，当时整个德国都出现这种问题。第四阶段（2006年以后）尚未结束，其主要特点是实施了一些具有重大意义的交通基础设施开发项目，这些项目最终将改变整个城市区域的结构。

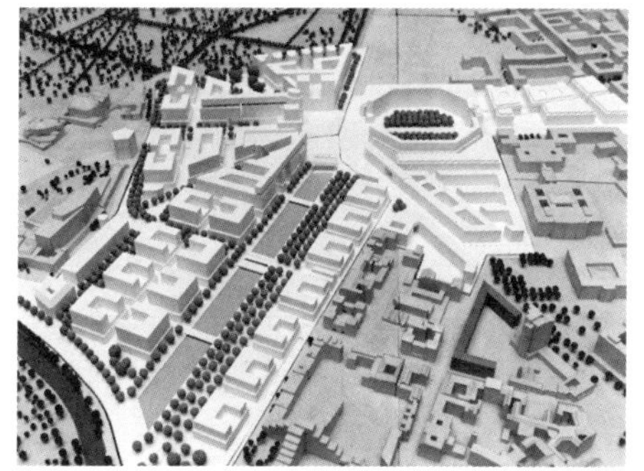

第109页
新波茨坦广场地区的提议，城市设计概念竞赛，一等奖。“希尔默&萨德勒”事务所（Hilmer & Sattler），1991年。实施方案有少许改动。

Photograph: Hilmer & Sattler / Landesarchiv Berlin

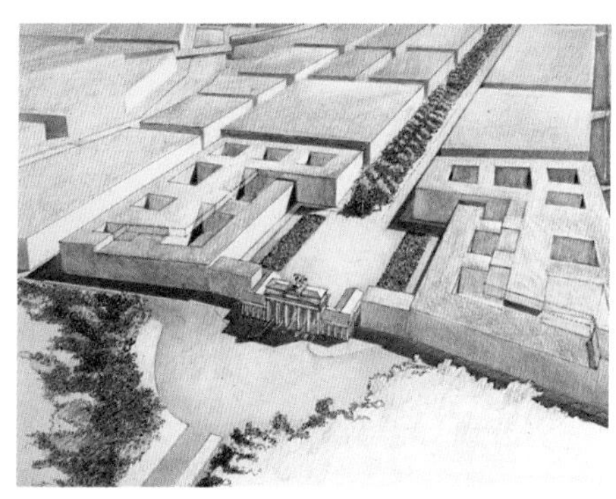

第109页
巴黎广场（Pariser Platz）重建的城市设计专家意见书。由希尔德布兰特·马赫赖德特（Hildebrand Machleidt），瓦尔特尔·施泰普和沃尔夫冈·沙谢尔（Wolfgang Schäche）合作完成，1992年。

Source: Arbeitsgemeinschaft Spreeinsel: Städtebauliches Leitbild für die Berliner Mitte. Bereich Spreeinsel, Werkstattbericht, Berlin 1992, p. 59

第110页
展示亚历山大广场新规划的全景照片，耶德加·阿西西（Yadegar Asisi）绘制，1993年。
Architects: Kollhoff / Timmermann

第111页
波茨坦广场地区，2006年。
Photograph: Philipp Meuser

第112、113页
为新的亚历山大广场地区开发提出的提议，城市设计概念竞赛，一等奖。汉斯·柯尔霍夫，1993年，只有很少一部分规划内容得以建成。
Source: Kollhoff / Timmermann Architekten

4.2.1 第一阶段（1990–1995年）

第一阶段在开始的时候存在大量不确定性：首先，当时完全不清楚德国重建统一之后，会采取何种规划形式。从1990年末到1991年初，来自世界各地的明星建筑师帮助提供了各种咨询，建议开发一系列大型的奇观项目——然而在很大程度上，这些项目并没有考虑到柏林在重新统一过程中所面临的各种特殊问题。然而，"新柏林"的主要领导者曾经在1980年代负责了西柏林城市规划的各种工作，他们相互之间达成了共识，决定按照这一时期所发展起来的城市规划构想推动柏林的发展。这一构想源于约瑟夫·保罗·克莱修斯的工作，他提出在尊重历史城市布局的基础上进行"批判性重建"。他把一战前的城市布局作为后工业时代城市布局参考的典范；笔直的林荫大道、密集规划的广场和紧凑的居住街块，这些特征与那些以汽车为导向的美国城市划了界限，共同构成了"欧洲城市"的模式。在这一构想中，有一个重要目标——要在包括中心地区在内的整个城市实现居住与其他用途的混合——而这在以前几乎不可能实现。这个构想还提出，城市的每个部分都应当发展各自的实体环境特征。在对一系列不同的形式加以比选之后，人们最终决定应当恢复柏林建筑经典的22米限高规定。

HYATT

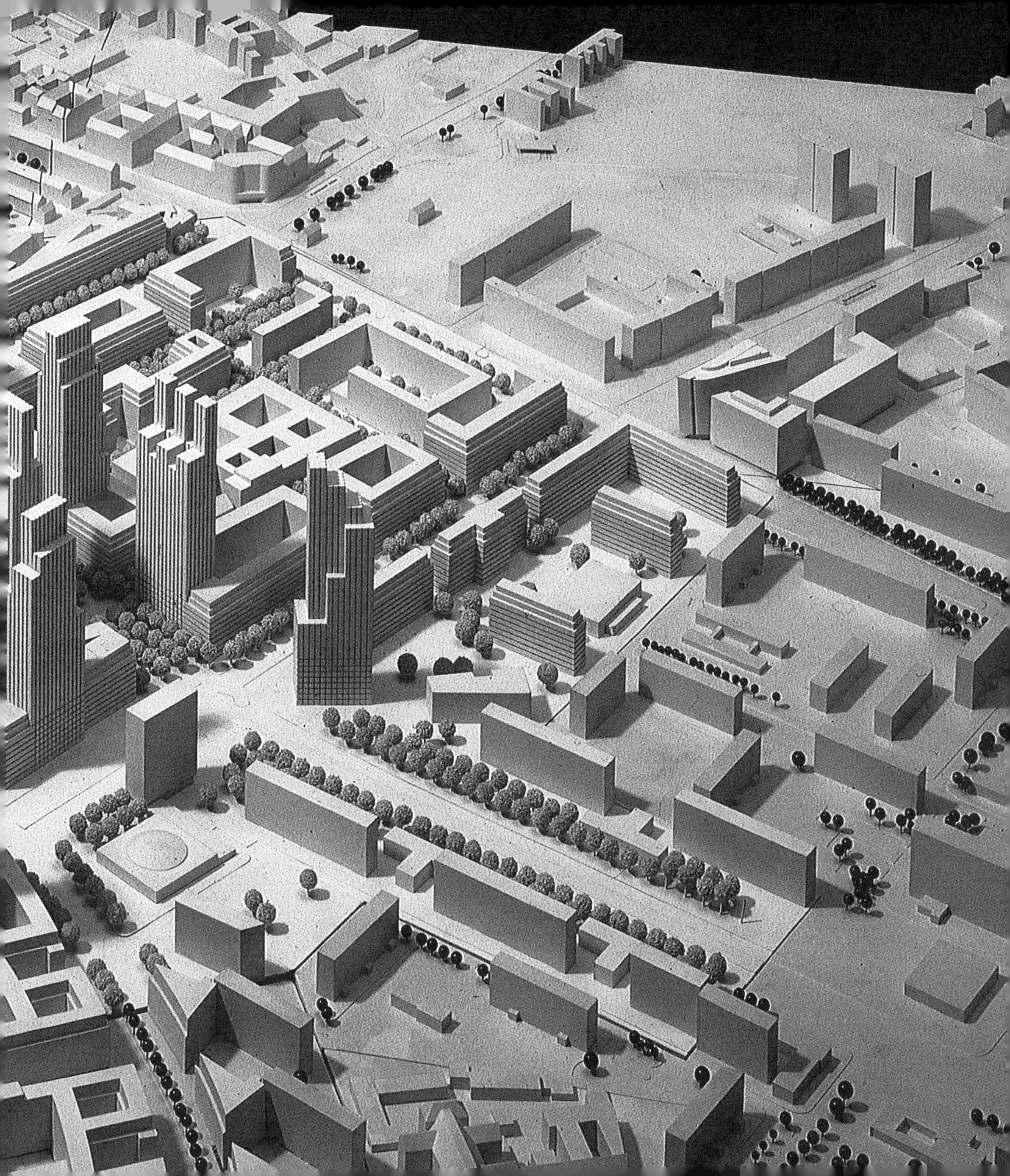

1990年，关于采取何种方式对波茨坦广场周边地区再开发的争论标志着柏林重新统一之后的第一阶段正式开始。该项目到1993年才正式开工。由于其公共空间较为封闭，而且各个空间要素之间联系薄弱，这个项目并不能很好地体现所谓“欧洲城市”的原则。通过激烈的争论，在波茨坦广场的项目中至少在纸面上确认了这些“欧洲城市”的方法，后来这些方法对其他的大型项目产生了实质性的影响。在后来的“巴黎广场”重建项目中，“欧洲城市”的模式又得到了进一步细化。

对于“新柏林”未来的各种城市发展方式来说，竞争最激烈的战场要算在1991年到1994年这段时间举办各种设计竞赛了，通过这些竞赛将决定那些主要城市开发项目的实施方案。这些竞赛的主要内容包括各种由私人开发的规划区域，其他的地区则会受到国家政府建设活动的重要影响，这其中最重要的是关于德国政府和议会所在地的设计竞赛。虽然原则上这些竞赛彼此之间是完全独立的，柏林城市设计方面负责人通过持续的干预，确保了这些竞赛之间保持了一定的联系。竞赛涉及的各个地区都受到公众广泛的关注，一般来说最终确定的实施方案都受到“批判性重建”构想的影响，这一构想在这个过程中也逐渐得到细化，致力于通过“批判性重建”使城市布局回到现代主义之前的状态。受到柏林城市设计方面负责人委托，伯恩哈德·斯特雷克（Bernhard Strecker）和迪特·霍夫曼-阿克斯海姆（Dieter Hoffmann-Axthelm）负责对这一构想进行了大量深入的研究，使其得到了充分完善。他们后来补充提出，希望在某个地区集中安排一批摩天楼，但是对于体现“欧洲城市”模式来说，这些摩天楼是起不到什么作用的。

虽然围绕波茨坦广场周边地区再开发的争论仍在继续，整个柏林中心区城市再开发的基本构想逐渐明确，人们在“欧洲城市”运动的倡导者和反对者之间找到了折中的妥协办法。在1991年初，在各种关于中心区重建的设想中，汉斯·柯尔霍夫（Hans Kollhoff）的建议一提出就引起了极大关注。柯尔霍夫提出，可以先制定出严格的城市规划标准，人们可以基于这些标准确定柏林市市中心的少部分地区允许建设摩天楼群，同时其余地区的重建必须严格遵守“欧洲城市”的要求——对于柏林来说，就是把

第114页
规划的新柏林中央火车站及其周边地区。照片合成，奥斯瓦尔德·马蒂亚斯·昂格尔斯（Oswald Mathias Ungers），1995年。

Source: O. M. Ungers, as doc. in: AIV (ed.): Berlin und seine Bauten. Part I: Städtebau, Berlin 2009, S. 393

第114页
中央火车站周边地区，2008年。

Photograph: Philipp Meuser

高度控制在22米之内。按照柯尔霍夫的提议，有两个地区可以允许建设摩天楼群，即亚历山大广场和波茨坦广场，这两个地方将分别发展成为东西柏林各自中心区的“门户”。由于柏林负责建设的副市长一再坚持，后来还对第三个允许集中建设摩天楼群的地区进行了讨论：也就是西柏林以前的中心——所谓的“城西地区”（City West）。经过这个过程，虽然柏林的总体规划中并没有明确允许建设摩天楼群的地区，但是这三个地区仍然事实上获得了柏林市的政治和行政体系认可。柯尔霍夫也积极参与了摩天楼群构想的详细设计，并负责为波茨坦广场的其中一座塔楼绘制了实施蓝图，不过这块用地在一开始的时候并没有被用于修建高层塔楼。在亚历山大广场的重建竞赛中（1993年），柯尔霍夫的参赛方案提出修建一系列有争议的高楼大厦。该方案虽然被授予一等奖，不过至今仍未实施。

围绕柏林市中心这些大型项目出现的争论吸引了公众的广泛注意力。除此之外随着城市的重新统一，很多后来的城市规划工作在目标上都发生了主要变化。这座城市相互分裂的两个部分之间需要重新建立联系，公共财政也向城市的市政基础设施进行了大规模投资。这意味着交通基础设施除了要服务中心区以外，还必须能够满足城市重新统一之后的整体需求。事实上，柏林在基础设施维护方面的需求长期得不到满足，有大量欠债需要弥补，除此之外还有必要将柏林整合到新的高速铁路网络当中。考虑到这些急迫的问题，人们对城市内部主要火车站的职能和等级也重新做了安排——在此基础上，柏林中央火车站（Haupbahnhof）于1992年正式开工建设。

早在1991年，在讨论把柏林作为统一之后德国首都的同时，人们也开始研究联邦政府各个机构在哪里安置的问题——这一要求涉及非常复杂的问题，在深化过程中也引起了大量争论。其中最有名的规划用地是所谓的“联邦政府的缎带”（Band des Bundes），施普雷河自东向西流形成弧线穿过整个场地。这一带状场地将安排包括德国联邦议会和联邦总理府等机构，不过当时在场地中央规划的公民论坛（Bürgerforum）到今天也没有建成。德国国会大厦（Reichstag）位于施普雷河湾规划场地的东侧，在1995年得到重建，诺曼·福斯特（Norman Foster）为其设计了一个玻璃

第117页
“联邦政府的缎带”，2009年。

Photograph: Philipp Meuser

第118、119页
位于“施普雷湾”（Spreebogen）的新政府中心区设计模型，城市设计概念竞赛，一等奖，1993年。设计者为阿克塞尔·舒尔特斯（Axel Schultes）和夏洛特·弗兰克（Charlotte Frank）。

Source: Axel Schultes / Charlotte Frank, as doc. in: AIV (ed.): Berlin und seine Bauten. Part I: Städtebau, Berlin 2009, p. 398

第120页
对施普雷岛和腓特烈斯韦尔德进行重新设计的提议，城市设计概念竞赛，一等奖，1994年，贝尔恩德·尼布尔，未建成。

Source: Bernd Niebuhr, as doc. in: AIV (ed.): Berlin und seine Bauten. Part I: Städtebau, Berlin 2009, p. 400

第120页
对施普雷岛和腓特烈斯韦尔德进行重新设计的提议，城市设计概念竞赛，入围作品，由哈罗德·波登沙茨（Harald Bodenschatz）和约翰内斯·盖森霍夫（Johannes Geisenhof）合作成立的DASS设计小组（Gruppe DASS），1993年。

Source: Harald Bodenschatz Collection

穹顶；整个建筑很快就成为“新柏林”的象征。这些政府行政区规划的新建筑都是于第一阶段开始建设，但是到第二阶段才最终完成。

柏林中心另一个备受关注的城市设计竞赛以施普雷岛为中心，霍亨索伦王朝曾经在这里兴建了巴洛克式的城市宫殿群，此外东德的共和国宫（Palast der Republik）也曾经位于这个地方。竞赛通知于1993年对外公布，并于1994年做出最终决定，贝尔恩德·尼布尔（Bernd Niebuhr）获得优胜，他提出要把前东德所有的国家机构——共和国宫、国务院大楼和外交部大楼——全部拆除。尼布尔建议在原来共和国宫的位置建造一栋与以前的巴洛克宫殿规模类似的新建筑。他希望通过这种拆除和重建，恢复最初的历史城市空间：例如王宫广场（Schlossplatz）、辛克尔广场和“维尔德广场”（Werderscher Markt）。此外，规划还将利用长而狭窄的街道在施普雷岛南侧恢复古老的“渔夫区”。他的提议遭到公众的猛烈抨击，后来也就渐渐湮没于故纸堆里了。

1980年代，“谨慎的城市更新”原则在西柏林获得了的认可。在此基础上，人们又把它应用到对东柏林衰败居住区的更新改造中——不过公共资金的投入并不多，私人投资明显发挥了更大的作用。在相关更新政策的指引下，普伦茨劳贝格和腓特烈斯海因区（Friedrichshain）分别开发了比较有吸引力的居住区。东柏林的大型社会住宅居住区的条件也通过公共资金得到了改善。在具体工作中，改善的工作集中在对那些使用工厂预制构件建设的街块进行改造，建设各种新的服务设施，同时改善公共空间，使其更具有吸引力。这些项目中最引人注目的要算是对海勒斯多夫大型居住区的改造项目，经过规划该地区完成了部分建造计划，但是可惜没有完成中心区的建设（1990年）。

最后，第一阶段在柏林边缘地区开展的“新郊区”建设具有非常重要的意义。1990年，当时的人们对大柏林的人口增长非常乐观，基于这种完全不切实际的预期，柏林市政府启动了雄心勃勃的城市开发计划。他们在大柏林的行政区域内新规划了大量布局紧凑且功能混合的郊区居民点，规划部门希望在公共补贴的支持下，吸引私人投资者完成这些地区的建设。城市设计方面的负责人汉斯·史蒂曼在1993年颁布了相关政策，人们希望新开发的

第121页
位于柏林东北部的卡罗北（现在被称为新卡罗）郊区居民点示范项目的局部，1992年制定。

Source: Senatsverwaltung für Bau- und Wohnungswesen (ed.): Stadt Haus Wohnung. Wohnungsbau der 90er Jahre in Berlin, Berlin 1995

郊区居民点能够超越1950年代到1970年代的那些居住区。规划的主要目标包括：新开发的居民点要具有较高的密度；居民点内部拥有一个多功能的中心；这些居住区应当恢复传统的居住模式，鼓励它们各自形成自己的特色；这当中最重要的就是要提供多种多样的公寓和住房类型，以充分实现社会融合。在各种新“郊区”的居民点中，有一个居民点“卡罗北”（Karow Nord）项目（后来改名为“新卡罗”，Neu-Karow）位于柏林东北部，始建于1994年，由建筑师摩尔/卢布尔/尤戴尔规划设计。它属于1990年代初美国“新城市主义”运动的一次实践，后来被作为典范得到了广泛的推广。另一个重要例子是由“马丁&佩希特”事务所（Martin & Pächter）设计的“花园城市”——“卢杜尔·菲尔德”（Rudower Felder），该项目位于柏林东南部，于1995年开始建设。位于柏林行政边界之外的其他邻近城市也有类似的居民点开发活动。这里面比较著名的例子要属位于柏林以西的“花园城市”——“法尔肯高地”（Falkenhöh），由海尔格·西佩里克（Helge Syperek）设计（始建于1992年）并获奖。此外就是位于首都西南部波茨坦的“希尔施泰格菲尔德”（Kirchsteigfeld）。

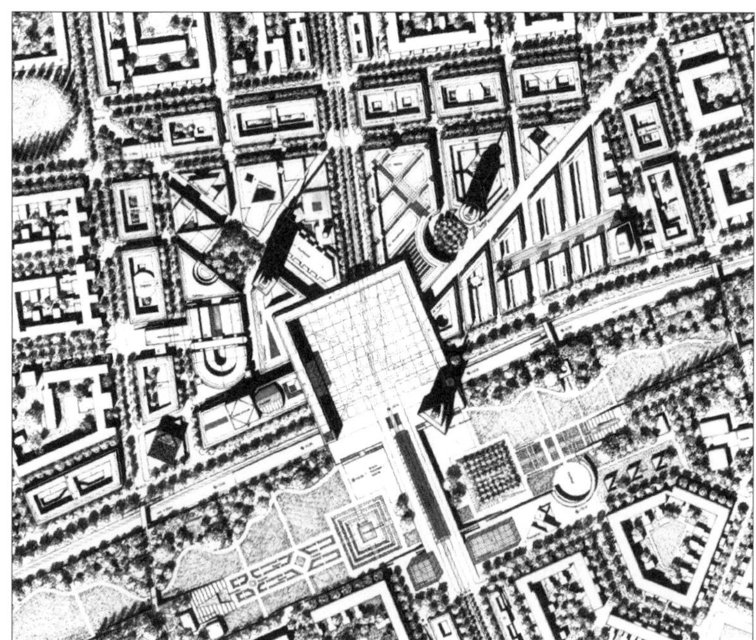

第122页

在海勒斯多夫大型居住区建设新中心的提议：在1990年6月26日，东柏林和西柏林的市政府都通过决议，决定继续完成海勒斯多夫新开发地区的建设。1990年9月对外公布将举行城市设计概念竞赛，规划地区面积为233000平方米，并于1991年2月15日由组委会确定了优胜方案。本次竞赛希望在这个柏林最新的大型居住区内部创造一个新的中心，这个项目应该具有高密度，并混合居住等不同的功能。在61份提案中，评委会一致选择建筑师安德烈亚斯·勃兰特（Andreas Brandt）和鲁道夫·别特克尔（Rudolf Böttcher）的方案，并建议以该方案为基础进一步深化海勒斯多夫地区的设计。

Source: Senatsverwaltung für Bau- und Wohnungswesen (ed.): Ideenwettbewerb zur städtebaulichen Gestaltung des Stadtteilzentrums im Neubaugebiet von Berlin-Hellersdorf. Dokumentation des Wettbewerbes, Berlin, September 1991

第123页

海勒斯多夫大型居住区的新中心，2002年。

Photograph: Philipp Meuser

希尔施泰格菲尔德应该算是“新郊区”模式中最出色的实例。该地区的开发一开始就通过电车线路与波茨坦建立了联系。它是按照罗布·克里尔和克里斯托夫·科尔（Christoph Kohl）的城市设计理念规划设计的，由私人投资者克劳斯·格罗特（Klaus Groth）进行开发，他本人曾经参与过1980年代西柏林国际建筑展中的项目。“希尔施泰格菲尔德”内部设置了传统的街巷和广场，除了建成了具有很强识别性的中心以外，还规划了若干“卫星级”的小中心。建筑师还希望使每个单体建筑也能够体现周边环境的特色。不过“希尔施泰格菲尔德”也暴露出1990年代类似开发项目存在的不少问题：由于人口增长的预测脱离实际，人们对于郊区多层公寓住宅的需求下滑，结果这些“新城镇”开发大规模商业和休闲中心的各种尝试均宣告失败。除了这些问题以外，后来波茨坦市政府又批准在它旁边新建了一个商业中心，结果破坏了这个新城镇开发自身中心的计划。

第125页
波茨坦的希尔施泰格菲尔德规划，1992–1997年。

Source: Krier · Kohl Architekten

0
50
100
200
300
400
500
600

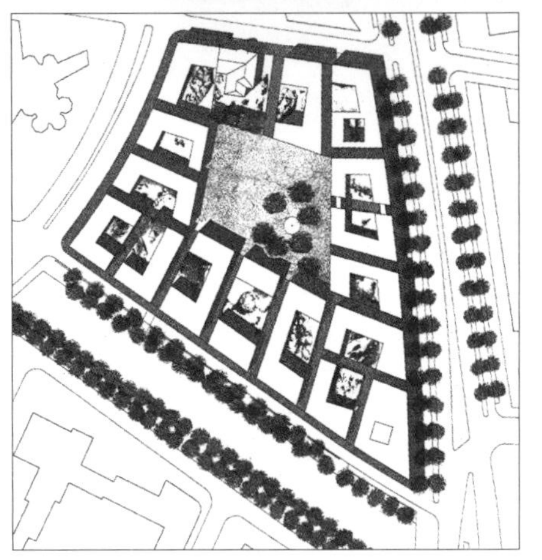

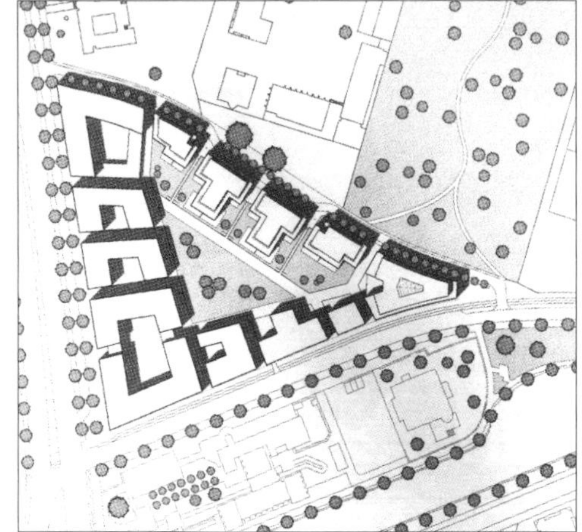

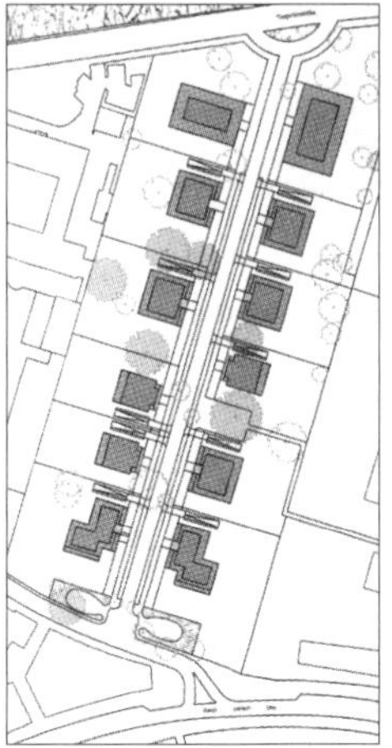

4.2.2 第二阶段（1995-1999年）

柏林的城市建设向第二阶段转型的标志是一个貌似和柏林发展没多大关系的事件：1993年9月23日，悉尼获得了2000年奥运会的主办权。柏林曾经对申办成功抱有很大期望，这个令人极度失望的结果清楚地表明，柏林的发展将无法借助任何特殊的国家利益和支持。这一结果充分表明，这座城市对其未来的发展预期完全是不切实际的。从此人们在前几年的狂热逐渐中醒悟过来，在房地产市场上也同样也能感受到这种变化。人们很快就意识到规划的建设规模过大，而且事实上的建设量也确实过大——除了办公空间明显过剩之外，居住区的开发也严重供过于求。在这种情况下，开发新郊区的政策还没产生成效就被废止了。为了遏制富裕的家庭向新郊区迁移的趋势，柏林市政府改变了城市发展政策。开发的重点将集中在提高中心区的吸引力方面，相关政策将鼓励对私人公寓的投资建设，不再发展办公楼，在中心地区兴建办公园区或是在郊区开发新居民点都不再得到城市政府的支持。

这种变化转变的一个标志是1996年公布的“柏林内城规划纲要”（Planwerk Innenstadt Berlin）。规划纲要接受了在历史城区进行批判性重建的理念，不过因为其采用的建筑形式过于夸张而招来大量批评。在规划内容上，纲要削减了机动车交通的用地，原来的现代主义规划模式得到大幅调整，除此之外，规划还纳入了居住区方面的内容，希望通过改善相关条件吸引中产阶级入住。

在第二阶段，人们针对规划纲要的内容进行了旷日持久的争论，规划纲要本身的内容也不断被修改。然而，这个规划纲要中确定的大型规划项目没有一个最终建成。不过这倒是和规划纲要本身没多大关系，由于之前大柏林地区开发的公寓项目严重供过于求，私人投资者对新的开发项目始终犹豫不决。在这种情况下，第二阶段最重要的项目之一被取消，该项目计划对“施潘道城区”的“塔克雷斯”（Tacheles）周边进行新的开发。“塔克雷斯”以前是一个画满涂鸦的百货商店（1907-1915），后来依靠当地室内外的画廊、各种展示空间、工作室、小型商店和酒吧，该地区逐渐发展成为一个中心，被人们当作是柏林非主流文化的象征。这个项目经历了漫长的规划过程，城市开发规划主要是由来自迈

第127页
位于施潘道城区的塔克雷斯地区的城市开发构想。段尼·普莱特·曲贝克，2001年，未建成。

Source: Bodenschatz, Harald (ed.): Renaissance der Mitte, Berlin 2005, p. 287

第126页
动物园和堡垒运河（Landwehrkanal）之间的开发，2006年。

Photograph: Philipp Meuser

第126页
克陵格霍夫-三角地（Klingelhöfer-Dreieck）和克比思-三角地（Köbis-Dreieck）都是以马赫雷德特及其合伙人与瓦尔特尔·施泰普合作设计方案为基础；外交官花园（Diplomaten-Park）是以克劳斯·西奥·布伦纳（Klaus Theo Brenner）的设计方案为基础。这一地区的开发开始于1996年。

Source: AIV (ed.): Berlin und seine Bauten. Part I: Städtebau, Berlin 2009, p. 408

第128、129页
柏林内城规划纲要，1996年11月。

Source: Senatsverwaltung für Stadtentwicklung

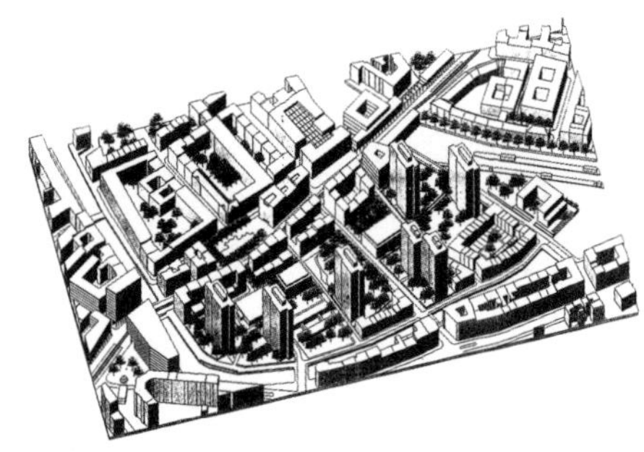

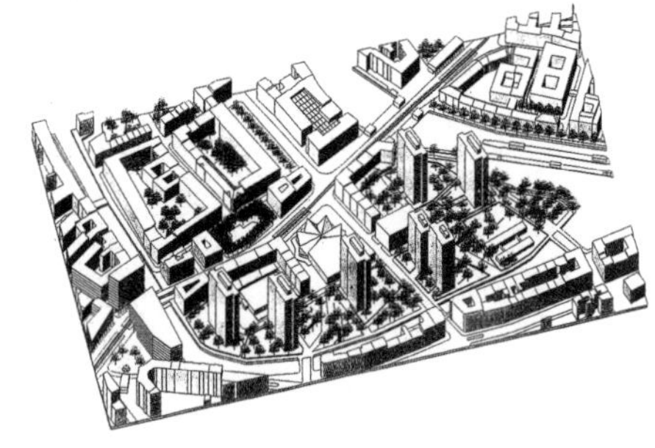

第132页
渔夫岛的规划方案：
上图：官方设计，1999年。
下图：由哈罗德·波登沙茨/城市项目事务所（Büro für Urbane Projekte）联合提出的备选设计方案，1998年。

Sources: Senatsverwaltung für Stadtentwicklung and Harald Bodenschatz Collection

第133页
“柏林/勃兰登堡连绵区的统一发展规划”（Landesentwicklungsplan für den engeren Verflechtungsraum，LEPeV），1998年。黑色部分表示潜在的开发区域；棕黄色和绿色表示需要进行保护的开放空间；圆圈表示计划开发的区域公园。

Source: Ministerium für Umwelt, Naturschutz und Raumordnung, Potsdam / Senatsverwaltung für Stadtentwicklung, Berlin

第130、131页
获得批准后的柏林内城规划纲要，1999年。

Source: Senatsverwaltung für Stadtentwicklung

阿密建筑事务所的段尼·普莱特·曲贝克（Duany Plater-Zyberk）负责编制的（2001年），他本人也是“新城市主义”运动的成员之一。最终实际建成的只是在第一阶段就已经开始的那些大型项目，主要是服务联邦政府的那些设施和建筑。对于那些位于中心地区但是尚未开始的大型项目来说，比如亚历山大广场和柏林主车站周边规划的主要项目，则不得不遭到搁置。1995年组织了一次城市设计“理念”竞赛，针对的是位于城市中心的“克陵格霍夫-三角地”（Klingelhöfer-Dreieck）（今天叫作“动物园-三角地”，Tiergarten-Dreieck），项目于1998年开始建设，以强调功能混合、同时采取传统建筑形式而闻名，该项目的实施方案由“马赫雷德特及其合伙人”事务所（Machleidt +Partner）和“瓦尔特尔·施泰普”（Walther Stepp）合作完成。

柏林放弃了进一步开发新郊区居民点的计划，此外也对已经开发的郊区居民点规划进行了调整，调整之后的用地将用于独栋住宅的建设。到第二阶段结束的时候，大柏林地区主要建设了大量位于偏远地区的住宅。那些位于城市外围的社区政府大力支持这些新住区的开发建设，特别是那些低成本的独栋住宅区建设，此类活动为城市向外蔓延铺平了道路。这种开发一直到相对较晚的阶段才结束，后来柏林与环绕在它周围的勃兰登堡州相互协调，共同制定了统一的开发规划。1996年柏林和勃兰登堡相互合作建立了联合性的规划机构，该机构从1990年代末开始对于控制柏林边缘地区蔓延发挥了越来越大的作用。这个联合性机构的重要成果之一是发展一系列区域公园的想法，这些区域公园还将被整合进国家综合发展规划当中，帮助推动柏林/勃兰登堡的可持续发展。

BERLIN

4.2.3 第三阶段（2000–2006年）

1999年，内城规划纲要的编制最终完成。面对越来越强的幻灭感，柏林的开发建设逐渐处于一种瘫痪的状态。关于“正确”城市规划形式的争论使人们筋疲力尽，甚至无法再去总结和反思1990年代规划工作的成就与错误。有一些在第一阶段开始实施的大型项目还没有完工，其中就包括将在德国举办2006年世界杯时才首次开放的中央火车站。面对相当大的不确定性，柏林的未来似乎也变得暗淡，甚至连郊区城市化的速度也开始减缓。当重要的历史地段“总管广场”（Hausvogteiplatz）改造完工的时候，人们也没有什么兴趣来庆祝这个重要的事件。这一时期主要成果是几个由大型私人投资者所主导的相互孤立的城市设计项目，例如位于亚历山大广场东侧的阿雷克莎（Alexa）商业中心（项目开始于2002年），和位于火车东站（Ostbahnhof）的多功能体育场（项目开始于2003年）。

除此之外，还有一个重要项目——位于腓特烈韦尔德的“联排式住宅”——最终建成，该项目属于内城规划纲要一部分，从2003年起在柏林市议会的开发部门推动下开工建设。该设计希望在柏林引进这种在美国已经普及的住宅类型，这种“联排式住宅”位于市中心，由排列紧凑的一排排独栋住房组成，这种建筑类型有助于创造传统公共空间的布局。建筑物的底层空间也可以作为零售空间和服务机构（虽然这一目标并没有实现）。这一项目的成功不仅表明人们确实对那些位置良好、由私人开发的住房有需求，而且这种开发方式也要求人们更为灵活地理解内城规划纲要的要求。后来人们也开始规划更多这种类型的项目，其中最有代表性的是位于莫尔肯广场（Molkenmarkt）的克洛斯特小区（Klosterviertel）项目，该项目由赫尔穆特·黎曼（Helmut Riemann）和乌拉·卢瑟（Ulla Luther）负责设计。

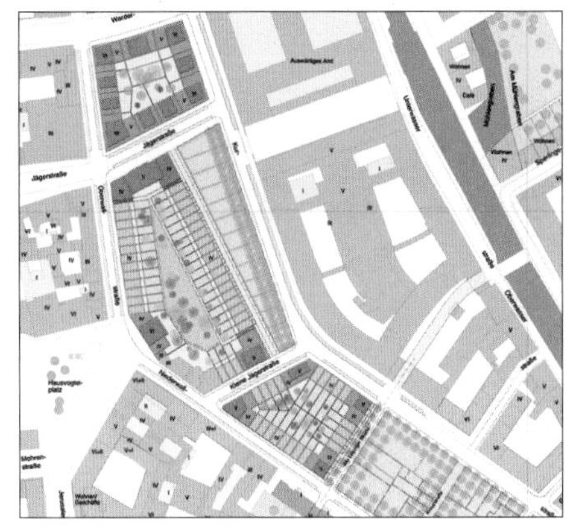

第135页
位于腓特烈斯韦尔德地区的“联排式住宅”的土地开发规划方案，2003年。

Source: Senatsverwaltung für Stadtentwicklung.

第134页
重建后的总管广场（Hausvogteiplatz），2012年。

Photograph: Philipp Meuser

第138页（上图）
莫尔肯广场（克洛斯特小区）的规划开发，2008年。

Source: Senatsverwaltung für Stadtentwicklung

第138页（下图）
莫尔肯广场周边地区，2008年。

Photograph: Philipp Meuser

第139页
克洛斯特小区（Klosterviertel）的总体规划方案，图纸上叠加了历史上的土地划分情况，2005年。根据这一规划，随着道路结构的调整，莫尔肯广场将被取消，除了用于建设房屋以外，还有一部分土地将被合并到穆伦达姆大街的新线路中。在当地城市联排住宅前面会建设一个新的广场。这一设计方案在后来有所调整。

Source: Senatsverwaltung für Stadtentwicklung

第136、137页
腓特烈斯韦尔德的联排式住宅，2009年。

Photograph: Philipp Meuser

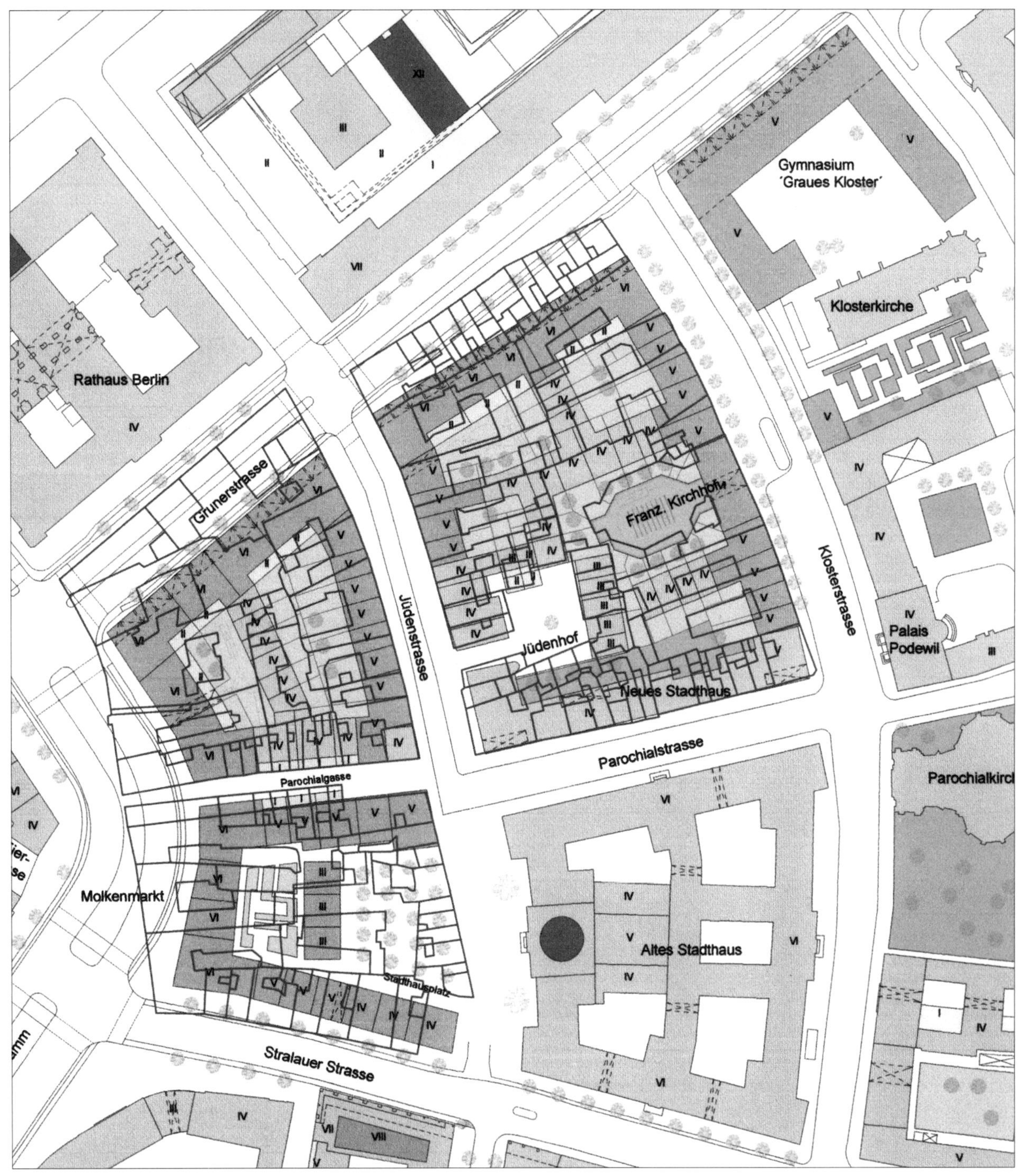
Gymnasium
´Graues Kloster´
Klosterkirche
Rathaus Berlin
Grunerstrasse
Franz. Kirchhof
Jüdenstrasse
Klosterstrasse
Jüdenhof
Palais
Podewil
Neues Stadthaus
Parochialstrasse
Parochialgasse
Molkenmarkt
Altes Stadthaus
Stadthausplatz
Stralauer Strasse

第140、142、143页
柏林-勃兰登堡机场，2012年，计划于2013年开放。
Photographs: Philipp Meuser

第141页
柏林泰格尔机场，2012年，计划于2013年关闭。
Photograph. Philipp Meuser

4.2.4 第四阶段（2006年以来）

随着一系列重要交通基础设施项目的启动，标志着城市发展正式进入了新的阶段，这些项目帮助柏林再次缓慢地开始城市开发的进程。柏林墙倒塌以后，最重要的大型区域性项目要算对当地几个机场职能的调整，这确实进入21世纪以来一次真正的冒险。滕佩尔霍夫（Tempelhof）机场和泰格尔（Tegel）机场将分别于2008年和2013年关闭，新的“舒内菲尔德”（Schönefeld）机场终点站将于2013年正式投入运行——不过项目进展缓慢，被迫尴尬地延迟开放。在这种条件下，整个区域范围内将出现重要的职能转变；虽然滕佩尔霍夫机场关闭基本上只会带来象征性的影响，但是随着泰格尔机场的关闭和“舒内菲尔德”机场这个国际枢纽的开放，柏林的根基都会受到根本上的影响。在历史上，柏林北部的发展一直就较为滞后，新的变化必然会使该地区失去其经济发展的优势，未来将会处于更加不利的地位。相比之下，东南部地区虽然目前的发展水平更差，但是将在则会获得良好的条件。未来整个区域将形成柏林中心区、舒内菲尔德机场及其所在地区、新兴的波茨坦这三个主要极核，并呈现出三足鼎立的关系格局。滕佩尔霍夫和泰格尔这两个以前的机场会留下巨大的开放空间，这同时也带来了新的城市发展机遇，不过柏林市民也围绕可能的开发方式存在大量分歧：应该开发多少用地，同时还应该维持多大的开放空间？哪些用途更为合适？柏林有没有足够的经济实力同时开发这两个地区，如果没有的话是否应该考虑按顺序进行开发？

在机场职能调整开始之前，另一个主要基础设施项目，铁路网的结构调整就已经启动了。中央火车站和“南十字”（Südkreuz）车站都是在2006年开放，成为新的城市门户。相比之下，火车东站和“动物园站”（Zoologischer Garten）的级别降低，而“格森德布吕农”（Gesundbrunnen）换乘枢纽的级别则得到提升。

在这些主要交通基础设施项目的规划过程中，需要对城市设计方面的要求进行非常充分的考虑。以前，滕佩尔霍夫机场曾经是横跨柏林南部中心地区的一个巨大障碍物，对它的再开发要重点考虑如何才能促进整个城市与南部地区之间更好地相互

BERLIN-TEGEL

P2
P3
BAYER

P7

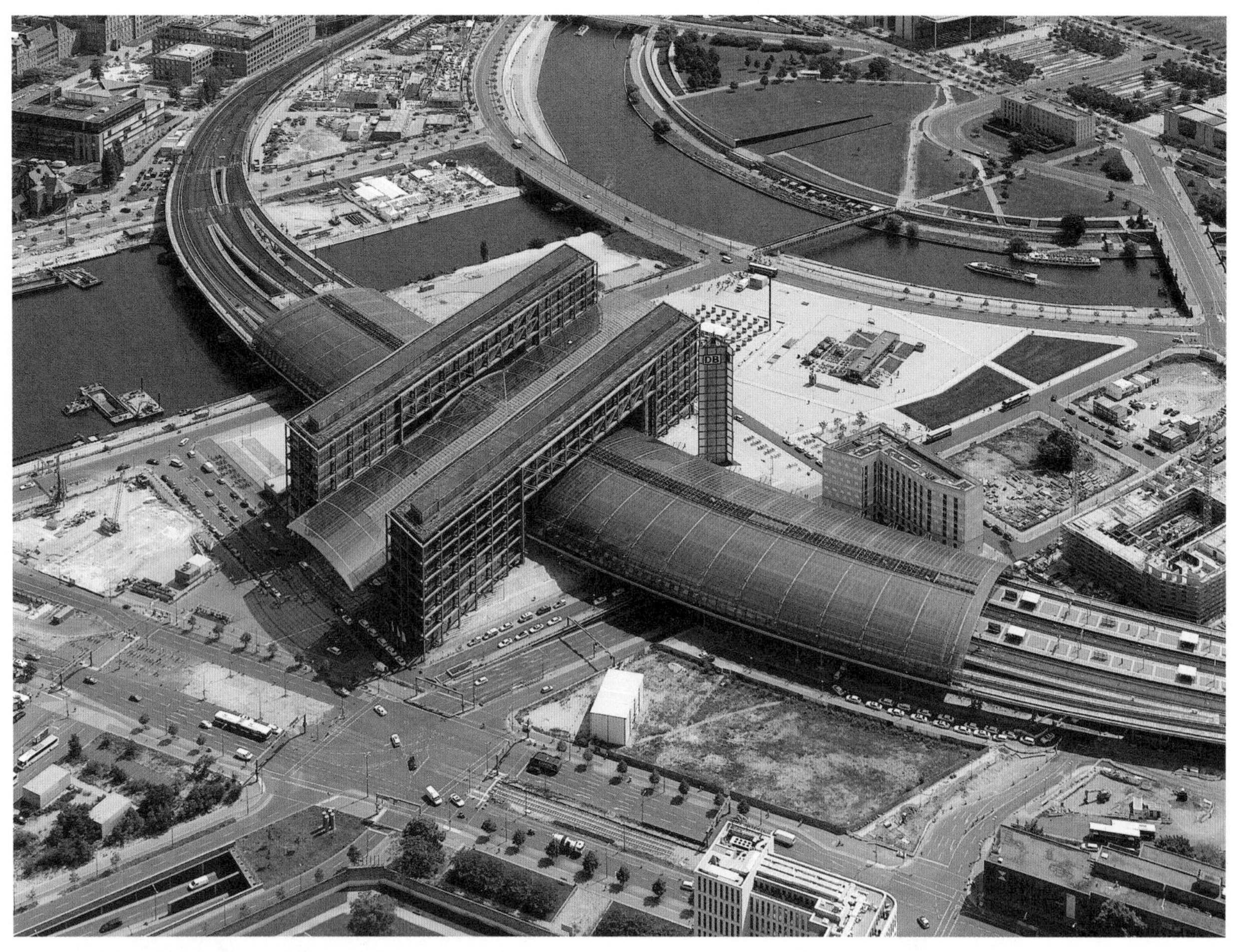

第144页

中央火车站及其周边地区，2012年。

Photograph: Philipp Meuser

第145页
南十字车站及其周边地区，2012年。
Photograph: Philipp Meuser

第146页
上舒内韦德，前工业区，2009年。

第147页
存在争议的项目：沿施普雷河东岸对媒体施普
雷中部进行再开发的地区，2008年。

Photographs: Philipp Meuser

Allianz

1128

联系起来。这就需要认真研究“滕佩尔霍夫达姆”（Tempelhofer Damm）这条主干道在城市设计方面应当满足哪些要求，特别是要充分发挥“空桥广场”（Platz der Luftbrücke）的作用。泰格尔机场所在地区与城市中心地区的联系一直较为薄弱，必须改善这种状况。对于泰格尔机场地区的再开发来说，没有针对穆勒大街（Müllerstraße）主干路和库尔特·舒马赫广场（Kurt-Schumacher-Platz）的城市设计构想，整个再开发工作根本无法想象。东南地区的舒内菲尔德机场建设将给诺伊科恩（Neukölln）的北部地区带来重大的变化。此外，新机场还有助于推动施普雷河东段周边地区的开发，包括施普雷中部（Mediaspree）地区和上舒内韦德（Oberschöneweide）这个以前的工业区，而后者算得上是柏林最重要的开发地区之一。中央火车站地区仍然处于相对边缘的位置。人们之前希望在中央火车站以北的海德大街（Heidestraße）地区开发所谓“欧洲之城（Europacity）”的国际品牌，不过规划地区的进展并不尽如人意。除此之外，将这个“欧洲之城”项目与附近的韦丁（Wedding）和莫阿比特两个工人聚居区相互整合的工作也没有取得进展。到目前为止，即使是中央火车站南北的两个站前广场本身造型设计水平都还达不到这个城市门户地区应该具有的水平。重要性仅次于中央火车站的南十字车站面临的情况则更为戏剧性。现在的车站建筑外观全无高雅可言，而且其周边的环境基本上处于荒地的状态。迄今为止，南十字车站还没有与附近的舒内贝格（Schöneberg）和滕佩尔霍夫这两个地区建立起像样的联系。

市中心地区的重建工作也还没有完成。到目前为止，开发重点都集中在对历史中心商业区的重建工作上，其中包括位于菩提树下大街和腓特烈大街那片巴洛克风格的城市拓展区。不过目前人们的焦点又集中到以前的中世纪城区。这要归功于一个重要的投资项目：“洪堡论坛”（Humboldt-Forum）的建设。在2008年末，“洪堡论坛”的设计竞赛结果公布，获胜者是来自维琴察的建筑师弗朗哥·斯特拉（Franco Stella），这个项目要算柏林墙倒塌之后城市开发中最受争议的项目之一。根据规划，新的建筑将位于以前巴洛克式城市宫殿建筑群的内部，这座新建筑将给中心地区带来根本性的变化。刚好这个时候是柏林在史书上记载的第775周年，而庆祝这个纪念日的活动也使这个特殊区位的吸引力得以提高。

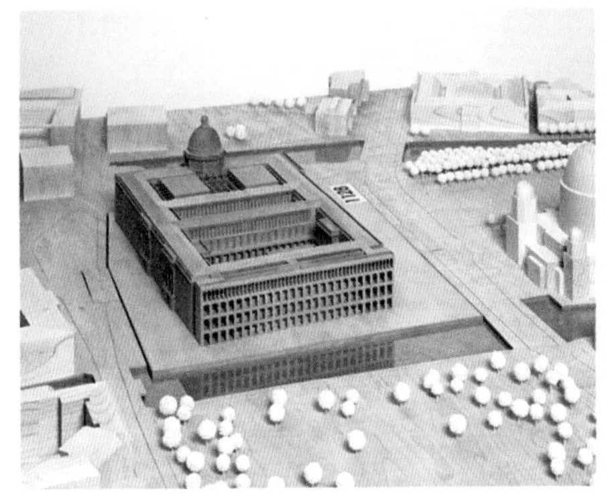

第149页
洪堡论坛的模型——弗朗哥·斯特拉的竞赛获奖设计，维琴察，2008年。

Source: Bundesamt für Bauwesen und Raumordnung

第148页
洪堡论坛竞赛的设计方案对外展示，2008年11月28日。

Photograph: Philipp Meuser

park inn

在这一背景下，关于从施普雷河到亚历山大广场之间这片大型开放空间的用途，再次引发了公众的争论：应该根据历史城区规划对整个地区进行重建？还是只是在局部进行历史性重建？或者完全不搞重建？无论采取哪种对策，至关重要的任务在于把这个老城区的各个片段与周边的街区建立更为紧密的联系。相比之下，“城西”地区作为以前西柏林的中心，终于走出多年的发展停滞，恢复了活力。通过“动物园之窗”（Zoofenster）这个高层建筑的建设，使这个地区的开发获得了决定性的推进。

虽然整个城市地区出现了这些新的变化，社会环境的改善却十分有限，其中最明显的问题就是住房成本居高不下。由于柏林的家庭平均收入水平较低，所以许多柏林人把新的开发和土地价格上涨视为威胁，也因此存在很多对大型项目的批评。此外，那些规模较小的项目也被人们指责是造成“绅士化的动力”，或者认为它们会对公共空间造成破坏。柏林面临着严峻的社会挑战，这些问题主要集中在以前工人阶级聚居区和那些大型社会住宅居住区。

因此，有一项重要的任务就是要使那些以前的工人阶级聚居区（大致是诺伊科恩北部、韦丁和莫阿比特地区）保持稳定。这些地区在后工业化过程中面临衰退，同时还表现出明显的种族多样化趋势，这些地区的稳定与否在未来将决定柏林能否真正保持作为一个“社会融合”和“国际性”城市的水准。对于这些地区来说，尤为重要的任务是大力加强当地那些与城市主干路相邻的地方中心发展，这些传统中心的复兴与否将成为整个城市区域未来成功的关键。

公众很少关注的另一个主要城市社会问题是那些大型社会住宅居住区的未来，例如马尔赞小区、马尔基什小区、格罗皮乌斯城（Gropiusstadt）和法尔肯哈根那菲尔德（Falkenhagener Feld）这些地方。这些居住区都属于单一文化社区：缺乏多样性，建筑特征单调，缺乏良好的城市公共空间。此外，这些居住区的所有权属于大型机构，甚至往往只是由某一个公司控制，这就造成很难通过一种更加可持续的方式对这些社区进行开发。从积极的方面来说，这些大型居住区的人口密度相对较高，而且公共交通的可达性较好。

第150页
公众对于城市设计争议主要集中在城市中心地区的四种不同的可能性：是选择开放空间还是选择洪堡论坛的方案？是要市政厅论坛还是开发成“玛利亚小区”（Marienviertel）？（2009年）

Photograph: Philipp Meuser

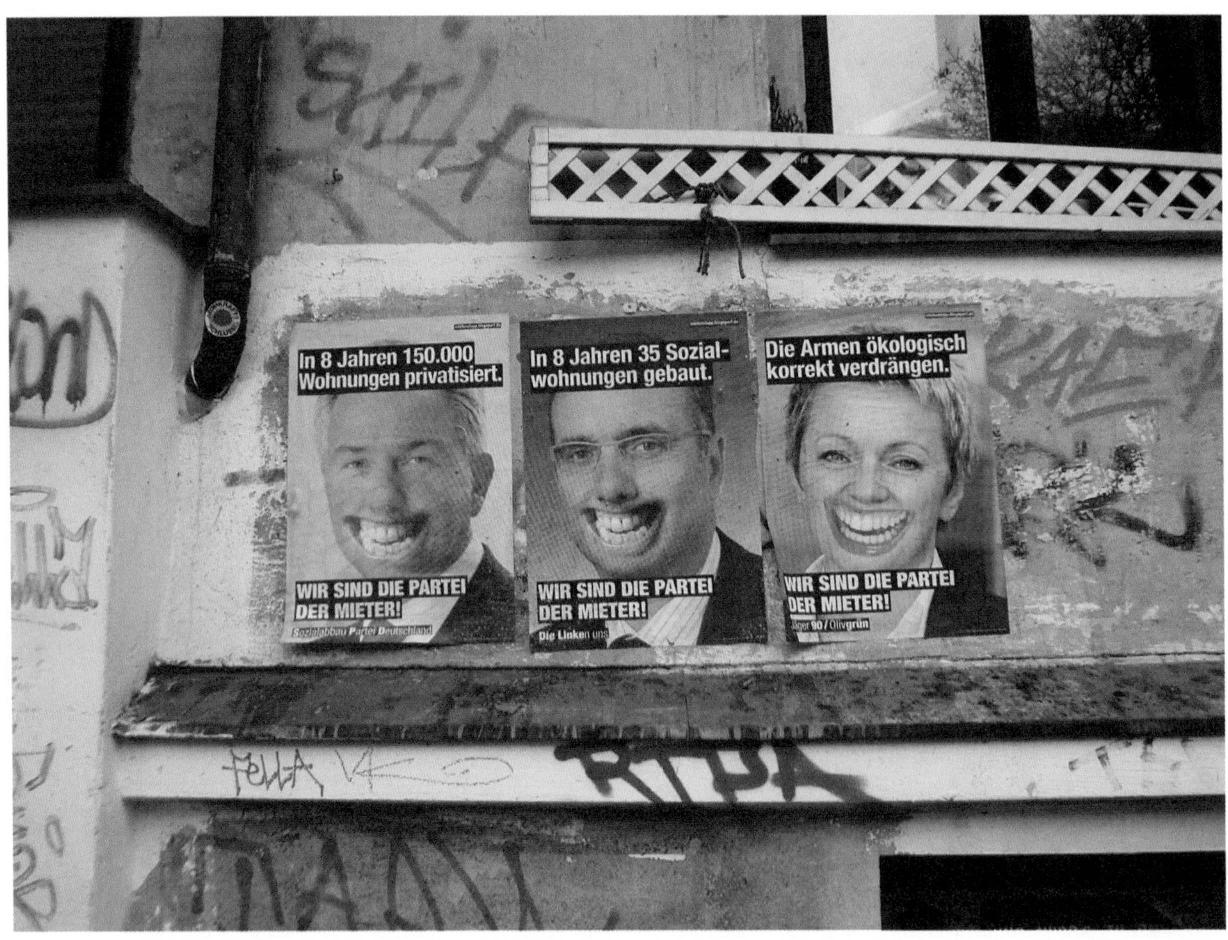

第152页

批判绅士化过程的海报，2011年。

Photograph: Harald Bodenschatz

第153页
2010年柏林市政厅前的考古发掘现场，人们对老柏林的历史产生了进一步的兴趣。

Photograph: Harald Bodenschatz

第154页
以前的工人阶级区诺伊科恩，2012年。

Photograph: Philipp Meuser

第155页

大型社会住宅居住区格罗皮乌斯城，2012年。

Photograph: Philipp Meuser

第156页
今天的租屋街区，2009年。

Photograph: Philipp Meuser

第5章　柏林：欧洲城市主义的一个典范？

毫无疑问，柏林算得上是欧洲城市发展和城市设计的一个重要代表。虽然这座城市在之前的6个世纪只具有区域性的影响力，但是随着19世纪下半叶柏林向着现代化大都市快速转型，这种局面发生了改变。从这以后，柏林就成为在整个欧洲具有重要意义的城市，人们在这里开展了大量城市发展方面的试验，实施了大量城市设计项目，并对相关的问题进行了广泛讨论。柏林成为欧洲城市主义的一个典范，从一战前的资产阶级居住区开发和基于铁路的郊区居民点中心区的建设，到魏玛共和国时期为低收入中产阶级阶层兴建的居民区，在1970至1980年代人们又采取了“谨慎的城市更新”策略对密集的19世纪末城区进行了改造，从1980年代开始柏林又确定根据“批判性重建”的原则努力恢复原有的历史城市格局。虽然用“世界上最大的租屋城市”这个具有贬低意味的称号来描述柏林所创造的广泛影响力并不怎么恰当，然而柏林在很大程度上避免了城市向外蔓延——这个世界范围内城市发展的灾难性问题，不过在过去数十年里，很多人也一直把战后分裂时期东柏林和西柏林分别开发的大型居住区当作是讨厌的怪物。

5.1　帝国时期的城市遗产

第158、159页
一战前的公寓建筑“改良”（图左是资产阶级街区莱茵兰小区，开发商使用狭窄的街块形式进行密集开发）；一战后的公寓建筑“改良”［如图右所示的“西南大道”（Südwestkorso）周边地区的街区开发］。图左下角是吕德斯海姆广场（Rüdesheimer Platz），2009年。

Photograph: Philipp Meuser

早在帝国时期，柏林就已经奠定了作为现代大都市的基础。整个城市中心区的空间充满纪念性，环绕在其周围的是密集极高的内城地区，好多年来都被人们蔑称为“世界上最大的租屋兵营城市”。与之呈现明显对比的，是在郊区兴建的一片片被称为“花园城市”的别墅区，此外还有少量的工人居民区。在这一时期，由土地开发公司负责大规模开发了许多新的城市街区，主要是服务于资产阶级，这些新的街区配备了充满吸引力的绿化街景和广场，这些封闭街区的内部也安排了丰富的开放空间。巴伐利亚小区和莱茵兰小区就是其中的优秀实例。在城市设计方面，开发商对这些街区进行了精心的设计，这些地区的公共交通配套体系也很完善，至今仍倍受市民欢迎。它们都属于欧洲名列前茅的城市遗产。除此之外，那些围绕火车站开发的小型郊区居民点的中心也具有很高的水准，代表的实例包括位于里希特菲尔德西部的“别墅小镇”和弗略瑙的“花园城市”。

5.2 从第一次世界大战到1980年代之间的郊区化建设成果

第一次世界大战导致柏林的城市设计历史出现了一次影响最为深远的断裂，后来的城市发展远离了之前大都会开发的轨迹。在这次极具破坏性的战争中，欧洲积累的经济资源被白白浪费。私人投资的城市开发活动被迫停止，负责建设的土地开发公司也逐渐退出了历史舞台。以前兴建那些布局紧凑、充满地标性特征居民区的活动也由此终止。在一战前就已经很明显的反城市观点和活动变得更为普遍，当时这种认识在思考未来发展的人群和政客之中十分盛行。正是在这样的背景之下，发展出了基于福利国家理念的城市设计构想，人们又由此开始了对大规模社会住宅区的开发。各种政策和规划的目的都是追求分散式的城市发展，希望通过使白领和蓝领工人向城外迁居实现郊区化，不过使蓝领工人迁居的努力并没有成功。柏林这个大都市所保持的各种城市特征（包括紧凑的特点），无论是资产阶级居民区还是工人阶级居民区都遭到人们的猛烈批评。在1930–1940年代的政治巨变中，追求彻底使城市实现现代化的努力在经历了大量变化以后仍然得以延续下来。位于城市边缘的那些居民区见证这个不断变化但始终延续的过程。这些实例之中首先是1920年代那些保持很高吸引力的居民区项目，此外在1930–1950年代开发的居民区仍然反映出这种开发类型在当时的受欢迎程度，不过在1960–1980年代，东柏林和西柏林兴建的那些大型居住区就不怎么受人欢迎了。这些建成的社会住宅区当中，魏玛共和国时期建成的项目在整个欧洲都具有重要的地位。2008年，这些居民区被收录进联合国教科文组织的世界遗产名录，被人们作为工人阶级地位提高的象征，那些收录进名录的项目包括：花园城市法尔肯贝格（Garden City Falkenberg）、席勒花园（Schillerpark）、布里茨大型居住区（Großsiedlung Britz）和西门子城（Siemensstadt）社区、卡尔–勒基恩居住区（Wohnstadt Karl Legien）和白色之城（Weisse Stadt）。

第157页
已被列为世界文化遗产：布里茨大型居住区（马蹄铁形居住区），依据布鲁诺·陶特制定的城市设计方案，建于1925–1930年。

Photograph: Berlin Partner GmbH / FTB-Werbefotografie

第157页
已被列为世界文化遗产：席勒花园（Schillerpark）居住区，依据布鲁诺·陶特制定的城市设计方案，建于1924–1930年。

Source: Landesdenkmalamt Berlin (ed.): Siedlungen der Berliner Moderne. Berlin 2007, p. 75

第160页

已被列为世界文化遗产：花园城市法尔肯贝格（也被称为“调色盒”），依据布鲁诺·陶特制定的城市设计方案，建于1913–1916年。

Photograph: Landesdenkmalamt Berlin / Wolfgang Bittner

第161页
已被列为世界文化遗产：卡尔–勒基恩居住区，依据布鲁诺·陶特制定的城市设计方案，建于1928–1930年。

Photograph: Landesdenkmalamt Berlin / Wolfgang Bittner

第162页
已被列为世界文化遗产："白色之城"，依据奥托·鲁道夫·萨尔维斯贝格（Otto Rudolf Salvisberg）制定的城市设计方案，建于1929–1931年。

Photograph: Landesdenkmalamt Berlin / Wolfgang Bittner

第163页

已被列为世界文化遗产：西门子城居住区，汉斯·夏隆（Hans Scharoun）制定的城市设计方案，建于1929-1934年。

Photograph: Landesdenkmalamt Berlin / Wolfgang Bittner

5.3 1970年代以来对原有城市中心的调整

1970年代是一个转型时期，作为激烈社会冲突的结果，人们在这个时期终于转变了态度，改变了以往的反城市态度。这一转型时期最重要的成果之一是1975年被定为“欧洲遗产年”。这项运动努力推动历史城市理念的复兴——不只是针对那些工业化以前的城市，同时也还包括一战以前扩建的高密度城市地区。西柏林在这方面的贡献成为这一领域中的欧洲城市典范，采取了“谨慎的城市更新”方式对帝国时期密集建设的那些城市街区（即所谓的“租屋城市”）进行改造。“谨慎的城市更新”在这个城市中心地区的各个角落都得到了广泛开展，其中克劳伊茨贝格地区的沙米索广场复兴尤其成功。

在1989年柏林墙倒塌之后，柏林历史中心的发展问题一直获得了很高的关注度，在城市设计工作中也一直处于中心地位。工作的目标是对历史城市的街巷和广场进行“批判性重建”。尽管这一战略在实施过程中经历了十分激烈的冲突，柏林中心地区的复兴仍被认为是当代欧洲城市设计领域最杰出的成就之一。这方面的工作对于那些曾经消失的公共广场更是如此，巴黎广场、总管广场、莱比锡广场和波茨坦广场等最终得到了重建。腓特烈大街也作为著名的都市街道成功得到了复兴。同样值得人们特别关注的，还包括腓特烈韦尔德的“联排式住宅”，这种住宅类型的引进对于柏林来说还是头一次。

在柏林中心地区复兴的工作中，最杰出的例子要算是斯潘道城区——这个以前的城市贫民区，建于巴洛克时期。该地区多次面临拆除的威胁，但在1989年后人们按照城市历史保护的原则和实践要求，对该地区进行了谨慎的现代化改造。不过这个地区的改造在获得巨大成功的同时，也常常会面临各种巨大的开发压力，尽管如此该地区仍然通过保留了很多小型的文化和商业机构努力保持了自身的多样性。“哈克庭院”（Hackescher Markt）毫无疑义是该地区的中心，其内部有一系列相互连接且装饰华美的庭院。不过直到今天，无论是在城市官方的营销活动还是在专业讨论中，人们都还没有认识到斯潘道城区所蕴藏的巨大价值。这个例子已经充分证明，对城市的历史结构采取“批判性重建”战

第165页
重建后的巴黎广场，2012年。

Photograph: Philipp Meuser

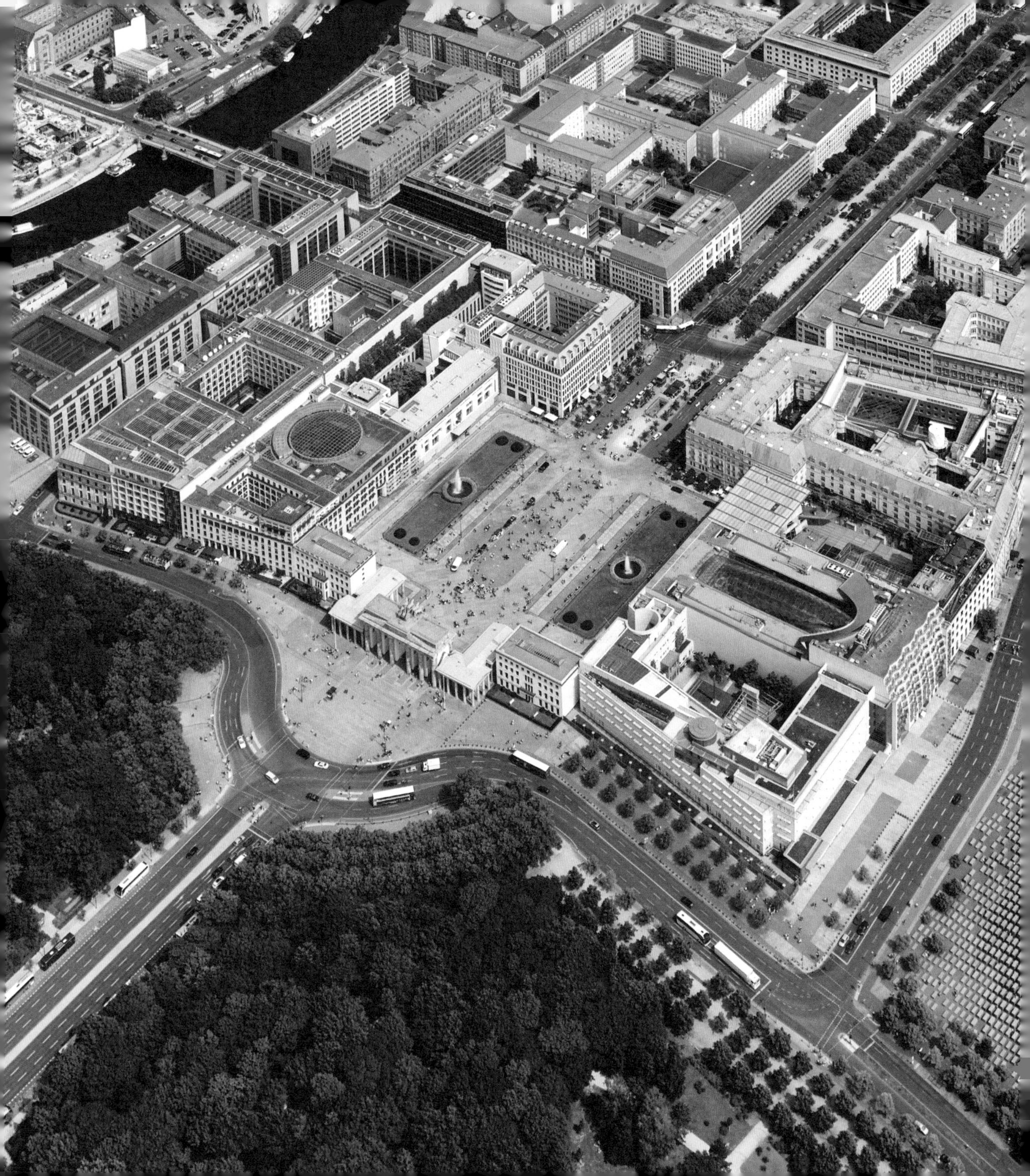

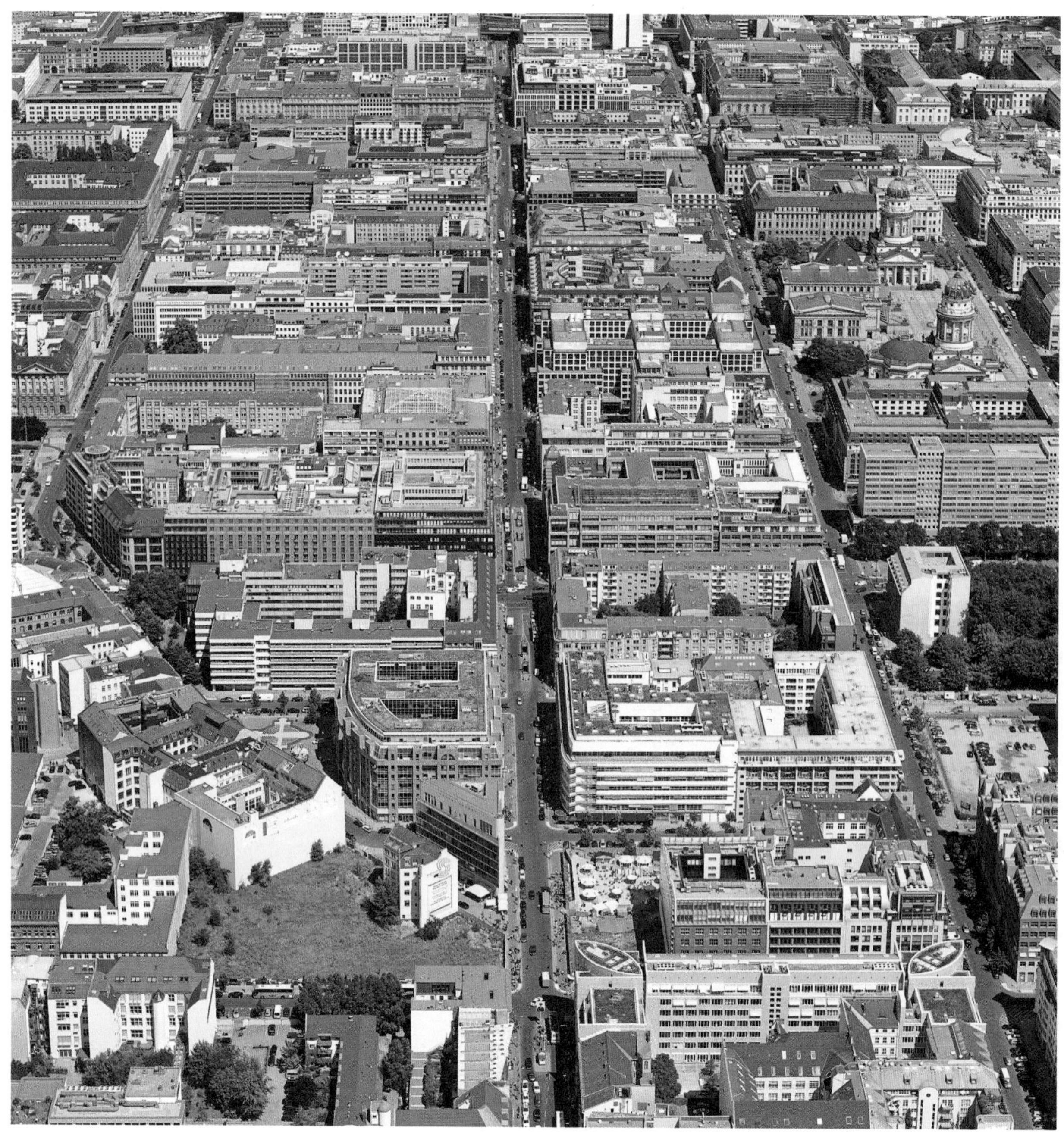

第166页
重建后的腓特烈大街，2012年。

Photograph: Philipp Meuser

第167页
重建后的莱比锡广场，2012年。

Photograph: Philipp Meuser

略能够获得巨大的成功。此外，还有一点成功经验获得了广泛认可，那就是这个项目是在柏林本地居民的强烈支持下，通过公共部门和私人投资者之间的合作才取得成功的。

5.4 新的城市设计挑战

自从柏林墙倒塌之后，柏林所经历的变化比任何其他的西欧城市都更为剧烈。这种变化背后的推动力源于这座城市曾经分裂的两部分之间再次统一——人们克服了东柏林和西柏林之间的对抗最终走向胜利。城市变化最剧烈的时期要属1990年代，不过在近10年里明显慢了下来。然而城市即将经历第二个大规模转型阶段，更正确地说这个转变已经开始。这个新发展过程的推动力来自柏林机场的重组，这个项目对于柏林在21世纪的发展具有重要影响。在柏林的版图上，除了在东西部之间存在差距以外，现在南北方向上又会出现新的不平衡。在应对这个挑战的过程中，还必须考虑来自可持续发展方面的各种新“任务”：鼓励发展各种新的交通出行方式，注意提高和改善建筑物和街区的能源效率——完成这些任务需要从保持社会包容、提高设计品质和注重经济可持续性等方面的综合协调。面临所有这些新的挑战，要求人们针对以前忽视的城市区域层面发展出新的愿景。

但是到底是哪些力量能够使整个城市区域维持凝聚力？与其他主要城市一样，通常都是城市中心发挥整个区域象征性代表的作用。对于柏林来说，以前老城的设计和整合将属于未来最重要的任务。不过仅考虑中心在未来的定位是不够的：我们需要在更高的层次上构建未来的视角。对于整个空间网络来说，有三个主要的线性要素发挥着重要的影响，重要主干路系统和公共交通系统要算历史悠久的两个要素，而第三个要素则是1950和1960年代开发起来的高速公路系统，正是这个系统导致了大量使用私家车的趋势——这个趋势对于地方环境会产生严重干扰，而且从长远看来大量使用私家车的趋势是不可持续的。

长期以来，柏林的正常运行都离不开它在全世界都值得称道的地铁和区域快轨系统。如果这个公共交通体系无法良好运行的话，根本就不可能追求可持续的城市区域。在区域快轨和高速公

第169页
城市中心复兴的经典案例：施潘道城区，2006年。

第170、171页
这块巨大的城市空地将成为今后发展的重点：滕佩尔霍夫机场曾经的位置，2009年。
Photograph: Philipp Meuser

路共同构成交通体系的基础上，作为第三个要素，呈“轴向”和“放射状”的主干道路网使这个系统的结构更加复杂。这些道路也就成为整个城市区域的命脉。它们连接了区域内部的历史村庄、公共广场、市政厅、商业中心、火车站乃至数目繁多的住宅。每条主干道的作用都是不同的，每条呈放射状延伸的道路都有其自身的独特特征。第二次世界大战之后，机动车交通的发展驱逐了人们的街巷生活，结果这些道路的吸引力也随之消失了。

对于世界范围城市的可持续发展来说，实现城市地区主干路环境的再城市化是十分关键的任务。这些道路存在很多问题，未来面临许多挑战。在这一领域，我们恰恰需要寻求替代的交通方式，实现周边用地的混合开发，并减少污染、噪声和各种道路交通事故，除此之外我们还必须提高这些地区的公共空间品质，强化居住区的社会凝聚力。城市主干路还需要承担强化柏林城市区域整体性的任务，把舒内菲尔德新机场以及曾经的滕佩尔霍夫和泰格尔机场各自的周边地区与城市的其他中心区位相互联系起来。如何对这些道路进行再开发将最终决定最为关键的任务是否能成功，即将柏林成功地转型成为一个低碳型社会和可持续经济体。

如果没有形成强大的社会凝聚力，整个城市区域就无法成功应对城市发展面临的挑战。当柏林墙倒塌的时候，城市在社会住房方面进行实验的独特传统为城市区域的发展创造了一个强有力的起点。不过在1990年代结束之后，这种优势就消失了；同时社会分化的加深虽然缓慢但却稳步地加深，这种分化不仅仅局限在中心地区和郊区之间，城市中心地区和郊区自身内部也在进一步分化。中产阶级居民区和以前的工人阶级居住区之间的分化也不断增长，目前其分化程度要比柏林墙倒塌之前严重得多。无论是东柏林还是西柏林的那些大型居住区都已经失去了吸引力。从中期来看，一部分依赖汽车的郊区居民区也会出现问题。在依靠自身在这100年多年里进行社会住房实验所积累经验的同时，柏林还必须寻找新的答案才能解决这些新出现的社会问题。

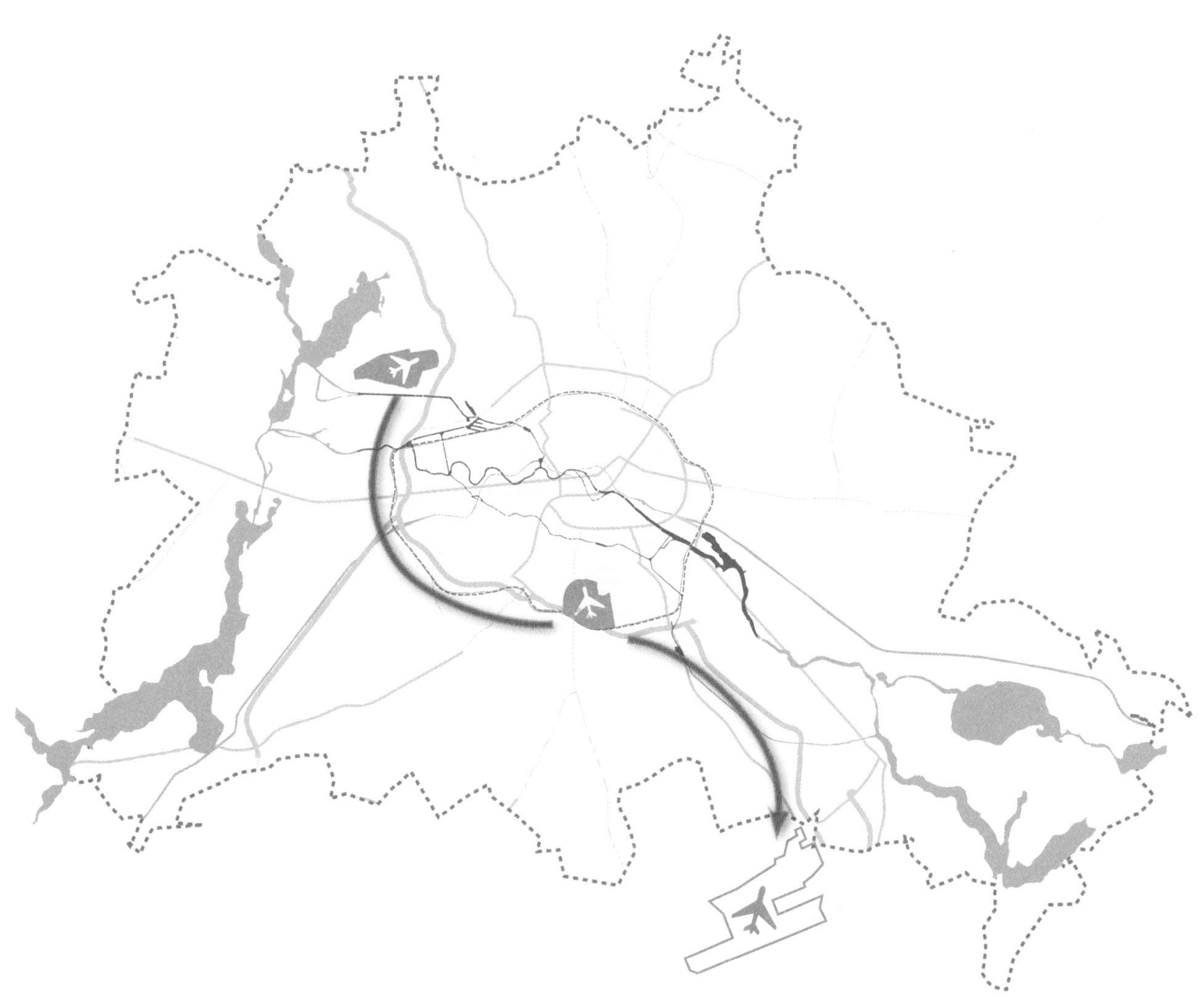

第173页
柏林对机场基础设施的调整及其对整个城市的影响。

Source: Johanna Schlaack (Think Berl!n), 2012

第174页
整个城市区域范围内的主干路系统。

Source: Think Berl!n

参考文献

AIV zu Berlin (Hg.)/Bodenschatz, Harald/Düwel, Jörn/Gutschow, Niels/Stimmann, Hans:
Berlin und seine Bauten. Teil I: Städtebau,
Berlin 2009.

AIV zu Berlin (Hg.):
Berlin und seine Bauten. Teil IV: Wohnungsbau Band A. Die Voraussetzungen. Die Entwicklung der Wohngebiete,
Berlin/München/Düsseldorf 1970.

Arbeitsgemeinschaft der Berliner Wohnungsbaugesellschaften (Hg.):
Wohnen in Berlin. 100 Jahre Wohnungsbau in Berlin,
Berlin 1999.

Bauausstellung Berlin GmbH (Hg.):
Internationale Bauausstellung Berlin 1987. Projektübersicht,
Berlin 1991.

Bodenschatz, Harald:
Platz frei für das neue Berlin! Geschichte der Stadterneuerung in der »größten Mietskasernenstadt der Welt« seit 1871,
Berlin 1987.

Bodenschatz, Harald mit Engstfeld, Hans-Joachim/Seifert, Carsten:
Berlin auf der Suche nach dem verlorenen Zentrum,
ed. by the Architektenkammer Berlin,
Hamburg 1995.

Bodenschatz, Harald/Fischer, Friedhelm:
Hauptstadt Berlin – Zur Geschichte der Regierungsstandorte, Schriftenreihe Städtebau und Architektur
ed. by the Senatsverwaltung für Bau-und Wohnungswesen,
Bericht 12, Berlin 1992.

Bodenschatz, Harald/Flierl, Thomas (Hg.):
Berlin plant. Plädoyer für ein Planwerk Innenstadt Berlin 2.0,
Berlin 2010.

Bodenschatz, Harald/Gräwe, Christina/Kegler, Harald/Nägelke, Hans-Dieter/Sonne, Wolfgang (Hg.):
Stadtvisionen 1910|2010. Berlin Paris London Chicago.
100 Jahre Allgemeine Städtebau-Ausstellung in Berlin,
Ausstellungskatalog, Berlin 2010.

Bodenschatz, Harald/Lampugnani,
Vittorio Magnago/Sonne, Wolfgang (Hg.):
25 Jahre Internationale Bauausstellung in Berlin 1987.
Ein Wendepunkt des europäischen Städtebaus,
Sulgen 2012.

Braum, Michael (Hg.):
Berliner Wohnquartiere. Ein Führer durch 70 Siedlungen,
dritte, grundlegend überarbeitete und erweiterte Auflage,
Berlin 2003.

Dörries, Cornelia/Meuser, Philipp:
Luftbildatlas Berliner Innenstadt,
Berlin 2009.

Dubrau, Dorothee/Bezirksamt Berlin-Mitte (Hg.):
Architekturführer Berlin-Mitte,
2 Bände, Berlin 2009.

Düwel, Jörn/Mönninger, Michael (Hg.):
Von der Sozialutopie zum städtischen Haus.
Texte und Interviews von Hans Stimmann,
Berlin 2011.

Flierl, Bruno:
Berlin baut um. Wessen Stadt wird die Stadt?
Berlin 1998.

Geist, Johann Friedrich / Kürvers, Klaus:
Das Berliner Mietshaus 1862–1945,
München 1984.

Goebel, Benedikt:
Der Umbau Alt-Berlins zum modernen Stadtzentrum.
Planungs-, Bau-und Besitzgeschichte des historischen Berliner Stadtkerns im 19. und 20. Jahrhundert,
Berlin 2003.

Hegemann, Werner:
Das steinerne Berlin.
Geschichte der größten Mietkasernenstadt der Welt,
Berlin 1930, Neuauflage Berlin 1976.

Hoffmann-Axthelm, Dieter:
Das Berliner Stadthaus.
Geschichte und Typologie 1200 bis 2010,
Berlin 2011.

Kleihues, Josef Paul (Hg.):
750 Jahre Architektur und Städtebau in Berlin.
Die Internationale Bauausstellung im Kontext der Baugeschichte Berlins,
Stuttgart 1987.

Lampugnani, Vittorio Magnago / Mönninger, Michael (Hg.):
Berlin morgen. Ideen für das Herz einer Großstadt,
Ausstellungskatalog, Stuttgart 1991.

Landesdenkmalamt Berlin im Auftrag der Senatsverwaltung für Stadtentwicklung Berlin (Hg.):
Siedlungen der Berliner Moderne.
Nominierung für die Welterbeliste der UNESCO.
Housing Estates in the Berlin Modern Style.
Nomination for the UNESCO World Heritage List,
Berlin 2007.

Reichhardt, Hans J./Schäche, Wolfgang:
Von Berlin nach Germania.
Über die Zerstörungen der »Reichshauptstadt« durch Albert Speers Neugestaltungsplanungen,
Berlin 1984, erweiterte Neuauflage 1998.

Rietdorf, Werner:
Stadterneuerung. Innerstädtisches Bauen als Einheit von Erhaltung und Umgestaltung,
Berlin 1989.

Schäche, Wolfgang:
Architektur und Städtebau in Berlin zwischen 1933 und 1945. Planen und Bauen unter der Ägide der Stadtverwaltung,
Berlin 1991.

Scheer, Thorsten/Kleihues, Josef Paul/Kahlfeldt, Paul (Hg.):
Stadt der Architektur. Architektur der Stadt. Berlin 1900 – 2000, Berlin 2000.

Schinz, Alfred:
Berlin. Stadtschicksal und Städtebau,
Berlin 1964.

Senator für Bau- und Wohnungswesen (Hg.)/Zwoch, Felix:
Idee, Prozeß, Ergebnis. Die Reparatur und Rekonstruktion der Stadt,
Berlin 1984.

Senatsverwaltung für Bau- und Wohnungswesen (Hg.):
Stadt Haus Wohnung. Wohnungsbau der 90er Jahre in Berlin,
Berlin 1995.

Senatsverwaltung für Stadtentwicklung, Umweltschutz
und Technologie (Hg.):
Planwerk Innenstadt Berlin. Ein erster Entwurf,
Berlin 1997.

Siedler, Wolf Jobst/Niggemeyer, Elisabeth:
Die gemordete Stadt.
Abgesang auf Putte und Straße, Platz und Baum,
Berlin 1964.

Stimmann, Hans:
Stadterneuerung in Ost-Berlin vom »sozialistischen Neuaufbau« zur »komplexen Rekonstruktion«,
Berlin 1985.

Stimmann, Hans (Hg.):
Die gezeichnete Stadt.
Die Physiognomie der Berliner Innenstadt in Schwarz- und Parzellenplänen 1940–2010,
Berlin 2002.

Urban, Florian:
Berlin/DDR, neohistorisch. Geschichte aus Fertigteilen,
Berlin 2007.

Volk, Waltraud:
Berlin. Hauptstadt der DDR.
Historische Plätze und Straßen heute,
Berlin 1972.

Zohlen, Gerwin:
Auf der Suche nach der verlorenen Stadt.
Berliner Architektur am Ende des 20. Jahrhunderts,
Berlin 2002.

40 Jahre Berlinische Boden-Gesellschaft,
Berlin 1930.

著作权合同登记图字：01-2015-3386号

图书在版编目（CIP）数据

柏林城市设计——一座欧洲城市的简史／（德）波登沙茨著；易鑫，徐肖薇译．—北京：中国建筑工业出版社，2016.5
ISBN 978-7-112-19351-6

Ⅰ．①柏… Ⅱ．①波… ②易… ③徐… Ⅲ．①城市规划－建筑史－柏林 Ⅳ．①TU-098.151.6

中国版本图书馆CIP数据核字（2016）第081922号

All rights reserved, whether the whole or part of the material is concerned, specifically the rights of translation, reprinting, recitation, broadcasting, reproducion on microfilms or in other ways, and storage or processing in data bases.

Berlin Urban Design: A Brief History of a European City by Harald Bodenschatz
Copyright © 2013 DOM publishers, www.dom-publishers.com
本书由DOM Publishers授权我社翻译、出版、发行

责任编辑：姚丹宁　段　宁
责任校对：刘　钰　李美娜

柏林城市设计——一座欧洲城市的简史
Berlin Urban Design: A Brief History of a European City
［德］哈罗德·波登沙茨　著
易　鑫　徐肖薇　译
*
中国建筑工业出版社出版、发行（北京西郊百万庄）
各地新华书店、建筑书店经销
北京锋尚制版有限公司制版
深圳市泰和精品印刷有限公司印刷
*
开本：889×1194毫米　1/20　印张：9　字数：200千字
2016年7月第一版　2016年7月第一次印刷
定价：66.00元
ISBN 978－7－112－19351－6
(27548)

版权所有　翻印必究
如有印装质量问题，可寄本社退换
（邮政编码 100037）